身心灵魔力书系　　情感丛书

SHEN XIN LING MO LI SHU XI QING GAN CONG SHU

刘玉寒 / 著

U0742290

/ E / L / F / - / C / O / N / T / R / O / L

# 自控力

富贵不淫

贫贱乐

中国出版集团　现代出版社

**图书在版编目(CIP)数据**

自控力:富贵不淫贫贱乐／刘玉寒著. —北京:现代出版社,2014.2
(2021.3 重印)

(身心灵魔力书系)

ISBN 978－7－5143－1820－3

Ⅰ.①自… Ⅱ.①刘… Ⅲ.①情绪－自我控制－青年读物
②情绪－自我控制－少年读物 Ⅳ.①B842.6－49

中国版本图书馆 CIP 数据核字(2014)第 029932 号

| | |
|---|---|
| 作 者 | 刘玉寒 |
| 责任编辑 | 王敬一 |
| 出版发行 | 现代出版社 |
| 通讯地址 | 北京市安定门外安华里 504 号 |
| 邮政编码 | 100011 |
| 电 话 | 010－64267325 64245264(传真) |
| 网 址 | www.1980xd.com |
| 电子邮箱 | xiandai@ cnpitc.com.cn |
| 印 刷 | 河北飞鸿印刷有限责任公司 |
| 开 本 | 700mm×1000mm 1/16 |
| 印 张 | 11 |
| 版 次 | 2014 年 2 月第 1 版 2021 年 3 月第 3 次印刷 |
| 书 号 | ISBN 978－7－5143－1820－3 |
| 定 价 | 39.80 元 |

# P 前　言
## REFACE

为什么当今时代的青少年拥有幸福的生活却依然感到不幸福、不快乐？怎样才能彻底摆脱日复一日的身心疲惫？怎样才能活得更真实快乐？

在英国最古老的建筑物威斯敏斯特教堂旁边，矗立着一块墓碑，上面刻着一段非常著名的话：当我年轻的时候，我梦想改变这个世界；当我成熟以后，我发现我不能够改变这个世界，我将目光缩短了些，决定只改变我的国家；当我进入暮年以后，我发现我不能够改变我们的国家，我的最后愿望仅仅是改变一下我的家庭，但是，这也不可能。当我现在躺在床上，行将就木时，我突然意识到：如果一开始我仅仅去改变我自己，然后，我可能改变我的家庭；在家人的帮助和鼓励下，我可能为国家做一些事情；然后，谁知道呢？我甚至可能改变这个世界。

的确，在实现梦想的进程中，适当缩小梦想，轻装上阵，才有可能为疲惫的心灵注入永久的激情与活力，更有利于稳扎稳打。越是在喧嚣和困惑的环境中无所适从，我们越觉得快乐和宁静是何等的难能可贵。其实"心安处即自由乡"，善于调节内心是一种拯救自我的能力。当人们能够对自我有清醒认识，对他人能宽容友善，对生活无限热爱的时候，一个拥有强大的心灵力量的你将会更加自信而乐观地面对现实，面向未来。

本丛书将唤起青少年心底的觉察和智慧，给那些浮躁的心清凉解毒，进而帮助青少年创造身心健康的生活，来解除心理问题这一越来越成为影

# 自控力——富贵不淫贫贱乐

响青少年健康和正常学习、生活、社交的主要障碍。本丛书从心理问题的普遍性着手，分别描述了性格、情绪、压力、意志、人际交往、异常行为等方面容易出现的一些心理问题，并提出了具体实用的应对策略，以帮助青少年朋友科学调适身心，实现心理自助。

# C目　录
ONTENTS

## 第三章　自控力的极限

## 第四章　最大程度地激发能力

## 第五章　自控要听从内心召唤

## 第六章　驯服烦躁的自控力

# 第七章　注意力影响自控力

# 第八章　及时调整自控力

# 第一章
## 不可思议的自控力

　　自控力就是驾驭"我要做"、"我不要"和"我想要"这三种力量。如果驾驭得好,它就能帮你实现目标,还能让你少惹是非。如果驾驭不了,那么你将会陷入更深的麻烦当中。

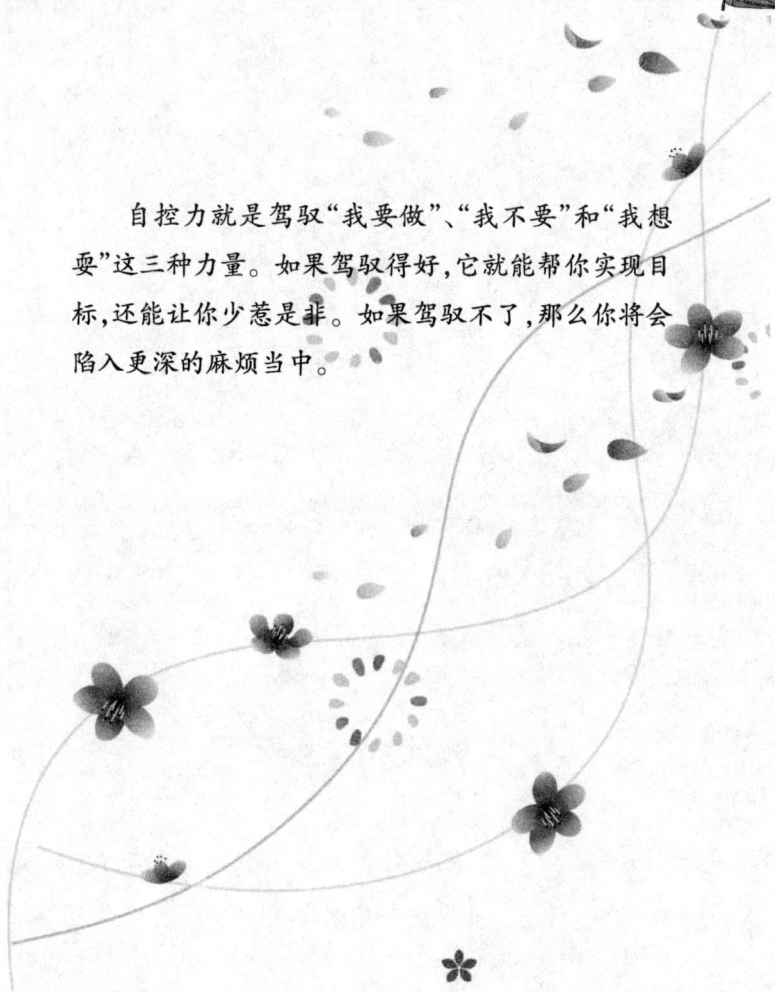

# 一、自控力的表现

假如让你说出一件最需要自控力的事,你第一个会说的是什么? 对大多数人来说,最大的考验莫过于抵制诱惑,抵制来自网络游戏、潮流时装、山清水秀或是美味佳肴的诱惑。人们嘴里说"我毫无自控力",通常是指"当我的嘴巴、肚子、心里或是全身上下都想要的时候,我没法'说不'"。没错,这就是"我不要"的力量。

"说不"属于自控力的一部分,而且是不可或缺的一部分。毕竟,"说不"是全世界的拖延症患者和宅男宅女最喜欢的两个字。实际上,对于你打算拖到明天或是下辈子再做的事,你得学着"说要"。就算你心里再焦虑不安,就算电视节目再魅力难挡,自控力都会逼着你"今日事今日毕"。即使你并非心甘情愿,它也会逼你完成必须做的事。这就是"我要做"的力量。

"我要做"和"我不要"是自控的两种表现,但它们不是自控力的全部。要想在需要"说不"时"说不",在需要"说好"时"说好",你还得有第三种力量:那就是牢记自己真正想要的是什么。

你没准会说,我真正想的是巧克力蛋糕,是再旅一次游,是好好放个假。但当你面对诱惑和拖延症时,你得想清楚,你真正想要的,其实是变得身材苗条、零花钱充足、学业稳中有升。只有想到这些,才能遏制你的一时冲动。

自控力就是驾驭"我要做"、"我不要"和"我想要"这三种力量。如果驾驭得好,它就能帮你实现目标,还能让你少惹是非。如果驾驭不了,那么你将会陷入更深的麻烦当中。人类相当幸运,因为大脑赋予了我们这三种力量。能够施展这三种力量,恰恰体现了人类的优越性。在进一步分析之前,让我们先怀着一颗感恩的心,想一想能拥有它们是多么幸运的事。然后,让我们钻进人类的大脑里,看看究竟是什么在发挥作用。本书将提出一些训练自控力的方法,让你的自控力变得更强健。

魔力悄悄话

　　向外获取权力的过程,实际上是一个向内掌控心灵的过程。因为无法掌控自己的内心,你就无法向外施展才能;无法向外施展出才能,你自然也就无法获取权力。为什么这个世界上到处都有怀才不遇的人?恐怕原因就在这里。

# 二、我们为什么会有自控力

让我们来想象一下这样的画面吧。10 万年前,你是个处于进化链顶端的聪明人,拥有一般动物不具备的拇指、能够直立的脊椎和可以发声的舌骨。你当时已经能相当熟练地生火了,还会制造锋利的石器,用来给水牛和河马开膛破肚。

仅仅在几代人之前,人类的生活还相当简单,只需要寻找晚餐、繁衍生息和避开食人鳄就够了。

聪明人只有互助方能求生,因此部落里人们关系密切,你的首要任务就是"别惹火其他人"。部落里人们相互合作、共享资源,因此你做事不能随心所欲。

你要是偷了别人的水牛肉或抢了别人的配偶,就可能被逐出部落或杀掉。(切记:其他聪明人也拥有锋利的石器,而且你的皮可比河马皮薄多了。)况且,如果你生病或者受伤了,没法出门打猎或采野果,你也需要来自部落的照顾。

在石器时代,交朋友和与人打交道的方式和今天没什么不同:邻居需要遮风挡雨的地方时,你不妨帮他一把;别人缺吃少穿的时候,你不妨分他一点;而且千万不要对别人说"那件衣服让你好显胖"。换句话来说,我们多少得有点自控力。

能否作出正确的抉择,不仅影响个人的生活,更影响部落的存亡。你得选择和谁打仗、和谁婚配(切记:千万别近亲结婚)。如果你幸运地找到了一个伴儿,还得想着天长地久。现代人同样容易惹麻烦,因为人类还是像十万年前一样好吃、好玩、好杀戮。

这不过是对自控力的基本要求。历史的车轮滚滚向前,社会越来越复杂,人们越来越需要自控力。为了适应环境、与人合作、维持关系,人脑很早就学会了自控。现代人的大脑就是为了适应各种需求而进化出来的。只有大脑紧跟时代的脚步,我们才能拥有自控力。

## 魔力悄悄话

　　兴趣是吸引一个人注意力的闪光点,强化兴趣是提升注意力的重要手段,是激发一个人能力的良方,也是让一个人输出能力的重要途径。历史的车轮滚滚向前,社会越来越复杂,人们越来越需要自控力。

# 三、大脑神经学原理

现代人拥有自控力,得益于远古时期的人类。那时,人们面临很大的压力,必须努力成为好邻居、好父母、好妻子或好丈夫。但人脑究竟是怎么进化而来的呢？答案是,我们的前额皮质进化了。前额皮质是位于额头和眼睛后面的神经区,它主要控制人体的运动,比如走路、跑步、抓取、推拉等,这些都是自控的表现。

随着人类不断进化,前额皮质也逐渐扩大,并和大脑的其他区域联系得越来越紧密。

现在,人脑中前额皮质所占的比例比其他物种大很多。这就是为什么你的宠物狗不会把狗粮存起来养老,而人却会未雨绸缪。前额皮质扩大之后,就有了新的功能。它能控制我们去关注什么、想些什么,甚至能影响我们的感觉。这样一来,我们就能更好地控制自己的行为。

斯坦福大学的神经生物学家罗伯特·萨博斯基认为,现代人大脑里前额皮质的主要作用是让人选择做"更难的事"。如果坐在沙发上比较容易,它就会让你站起来做做运动。如果吃甜品比较容易,它就会提醒你要杯茶。如果把事情拖到明天比较容易,它就会督促你打开文件,开始工作。

前额皮质并不是挤成一团的灰质,而是分成了三个区域,分管"我要做""我不要"和"我想要"三种力量。前额皮质的左边区域负责"我要做"的力量。它能帮你处理枯燥、困难或充满压力的工作。比如,当你想冲个澡的时候,它会让你继续待在跑步机上。右边的区域则控制"我不要"的力量。它能克制你的一时冲动。比如,你乘车时没有呼呼大睡,而是盯着路旁的风景,就是这个区域的功劳。以上两个区域一同控制你"做什么"。

第三个区域位于前额皮质中间靠下的位置。它会记录你的目标和欲望,决定你"想要什么"。这个区域,的细胞活动越剧烈,你采取行动和拒绝诱惑的能力就越强。即便大脑的其他部分一片混乱,向你大叫"吃这个!喝那个!穿这个!买那个!"这个区域也会记住你真正想要的是什么。

## 魔力悄悄话

一些高智商、高学历的人之所以怀才不遇,无法施展出自己的能力,是因为他们的内心混乱无序。一个人要想发挥出自己的能力,必须首先让自己的内心有序。只有对内理顺了心灵,才能对外释放出能力。

# 四、两个自我导致的问题

人们发现自控力不起作用的时候,比如花了太多钱、吃了太多东西、浪费了太多时间、发了太大脾气的时候,总会怀疑自己"有没有大脑"。抵制诱惑是有可能办到的,但这不能意味着我们就一定能办到。我们或许今天就能做完明天的事,但在多半情况下,我们会把事情拖到明天再做。这的确让人很崩溃! 不过,我们要感谢人类的进化。

在进化过程中,大脑没有因为扩大而发生剧变。进化,更多的是锦上添花。当人们需要新技能时,大脑原始的功能并没有被新功能取代。在原有的冲动系统和本能系统之上,我们进化出了自控系统。

也就是说,进化保留了曾为我们效劳的本能,即使那些本能如今会给我们带来麻烦。不过好处在于,我们如今有了解决麻烦的能力。

比如说,最美味的食物也是最能让人发胖的食物。过去食物短缺的时候,多余的身体脂肪能救人一命,爱吃甜食能让人活下去。但进入现代社会后,到处都是快餐、垃圾食品和各种各样能吃的东西,超重有害身体健康,爱吃甜食不再能救人一命。只有拒绝食物的诱惑,你才可能会长命百岁。

但是,由于我们的祖先曾得益于甜食,我们仍然保持嗜甜的本能。幸亏,自控系统能让我们离糖果罐远远的。即使当我们头脑发热的时候,我们也能克制冲动。

有些神经学家甚至认为,我们只有一个大脑,但我们有两个想法。或者说,我们的脑袋里有两个自我。一个自我任意妄为、及时行乐,另一个自我则克服冲动、深谋远虑。我们总是在两者之间摇摆不定,有时觉得自己想减肥,有时觉得自己想吃饼干。

## 1. 两个自我的价值

在自我博弈的过程中,如果自控系统能占上风,原始的本能能被你抛在一边,这听起来是不是很诱人? 在茹毛饮血的时代里,这些本能使人类得以延续。

但如今,它们却阻碍了人类的发展,带来了健康问题,掏空了银行账户,酿成了需要向全国人民道歉的性丑闻。如果文明人能不再被原始冲动所累,那该有多好。

可别这么想。虽然原始冲动并不总对我们有利,但想彻底摆脱它也是不对的。

医学上曾研究过因脑部受损而失去本能的人。研究者发现,对于健康、幸福和自控力来说,原始的恐惧和欲望至关重要。有个案例很有意思:一个年轻女子在癫痫手术中伤到了中脑,无法感觉到恐惧和厌恶。恐惧和厌恶正是两种自控的本能。她养成了暴食的习惯,非要把自己吃吐才罢休,而且经常对家人产生性冲动。这可不是个有自控力的典范!

继续读下去,你还会看到:如果没有了欲望,人们就会变得沮丧;如果没有了恐惧,人们就没法保护自己、远离伤害。在自控力挑战中获胜的关键,在于学会利用原始本能,而不是反抗这些本能。

神经经济学家是一群研究人们决策时大脑活动的科学家。他们发现,自控系统和生存本能并不总会发生冲突。在某些时候,它们会相互协作,帮我们作出更好的选择。

比如,你正穿过一家百货商场,突然,一个明晃晃的东西吸引了你的眼球。你的原始本能大声尖叫"买下它!"你看了看标签牌1999元。在看到这个惊人的价钱之前,如果你想抑制购买的冲动,就会用到前额皮质。但如果说,你的大脑会本能地对这个价钱产生疼痛的感觉呢? 研究表明,事实的确如此。

当你看到几位数的标签牌时,和你被人打了一拳时,大脑的反应如出一辙。这种本能的打击能让你的前额皮质更好地发挥作用。这样一来，你根本用不上"我不要"的力量。既然我们的目标是增强自控力，那么何不寻找每一种可行的方法呢？无论是为了享乐还是适应环境，原始本能都很有用。

## 2. 自控力第一法则：认识你自己

自控力是人类最与众不同的特征之一。此外，人类还拥有自我意识。当我们做一件事的时候，我们能意识到自己在做什么，也知道我们为什么这样做。

但愿我们还能知道，在做这件事情之前我们需要做些什么，这样我们就会三思而后行。可以说，这种自我意识是人类独有的。当然，海豚和大象也能辨认出镜子里的自己。但没有任何证据表明，它们能理解自己的所作所为。

如果没有自我意识，自控系统将毫无用武之地。在作决定的时候，你必须意识到自己此刻需要自控力。否则，大脑总会默认选择最简单的。想戒烟的人需要第一时间意识到自己吸烟的冲动，也要知道哪里会让他有这种冲动（比如在室外、寒冷的环境里或摆弄打火机的时候）。他还得知道，如果自己这次投降了，明天很有可能会继续吸烟，未来很可能会疾病缠身。为了避免厄运降临，他必须有意识地戒烟。要是没有自我意识，他就完蛋了。

这听上去似乎很简单。但心理学家知道，大部分人做决定的时候就像开了自动挡，根本意识不到自己为什么做决定，也没有认真考虑这样做的后果。最可恨的是，我们有时根本意识不到自己已经作了决定。比如，有一项研究调查人们每天做多少和食物相关的决定。要是问你的话，你会怎么说？人们平均会猜 14 个。但如果我们真去数的话，这种决定大约有 227 个。人们是在毫无意识的情况下作出这 200 多个选择的。而这仅仅是和食物相关的决定。如果你都不知道自己在做决定，又怎么能控制自己呢？

现代社会充斥着诱惑和刺激，不断冲击着人们的自控力。巴巴·史乌向我们证明了，注意力分散的人更容易向诱惑屈服。比如，让正在背诵电话号码的学生从食品车里拿些食品，他们选择巧克力蛋糕、不选择水果的概率会比一般学生高50%。商店里的促销活动更容易吸引心不在焉的购物者。他们很可能把一堆不在购物清单上的东西买回家。

如果你心里在想其他事，那么冲动就会主导你的选择。你是不是在排队等咖啡的时候发短信，结果本来想点冰咖啡，却点了一杯摩卡？（你绝对不想知道那杯东西有多少卡路里）你是不是一心想着工作，结果被售货员忽悠了，不但升级了原有的设备，还买了一大堆服务套餐。

## 3. 网瘾患者康复的第一步

18岁的莱尔是一名高中生，她总在不停地用电脑或手机查收邮件。这影响了她的学习效率，也让她的朋友们心烦意乱，因为他们从来没有得到过她百分之百的注意。

课程中，莱尔的自控力挑战便是尽可能少地查收邮件。她自己设定了一个宏伟目标，也就是一小时里最多查收一次邮件。第一周结束时，她觉得自己毫无进展。问题在于，她经常在翻看完所有的新消息后，才意识到自己又查收了邮件。只要她能意识到自己在做什么，就有可能停下来。然而，她意识不到是什么促使自己看手机、开邮箱。莱尔又制订了新的目标，希望能尽早发现冲动的苗头。

到下一周结束的时候，在即将碰到电话或点开邮箱的时候，她已经能意识到自己在做什么了。这让她能够阻止自己，而不是一头栽进去。查收邮件的冲动真是让人难以捉摸！在查看邮件之前，莱尔想不到是什么促使自己非查收不可。过了一段时间，她渐渐发现，这种感觉就像挠痒一样。当她查收邮件的时候，大脑和身体的不安都得到了缓解。莱尔非常兴奋，因为她从没想过，原来自己查收邮件是为了缓解不安。她还以为自己只是为了获取信息呢。她开始关注自己查收邮件后的感觉，并发现查邮件和挠痒一样没用,只会让她觉得更痒。米歇尔及时发现了自己的冲动,并且认识到了冲动的反应,这增强了她的自控力,也让她超额完成了目标。从此,她在学习之外都尽量不看邮件了。

## 魔力悄悄话

我们可以这样来定义自控力的挑战——你一方面想要这个,一方面想要那个。当下的你想要这个,但如果不要的话,你未来的生活会更好。两个自我发生分歧的时候,总会有一方击败另一方。决定放弃的一方并没有做错,只是双方觉得重要的东西不同而已。

# 五、训练大脑,增强自控力

人类花了几百万年时间,终于进化出了能满足要求的前额皮质。如果我们不想再花一百万年时间,却想拥有更强的自控力,听上去是不是太贪心了? 如果普通的人脑已经有了足够的自控力,我们能不能对它加以改进?

远古以来,至少是研究人员开始探索人脑以来,人们一直认为大脑构造是固定不变的;人的脑容量是一个固定值,不能通过外力改变;人脑唯一可能发生的变化,就是随着衰老变得迟缓。但是在过去 10 年里,神经学家发现,人脑像一个求知欲很强的学生,对经验有着超乎大家想象的反应。如果你每天都让大脑学数学,它就会越来越擅长数学。如果你让它忧虑,它就会越来越忧虑。如果你让它专注,它就会越来越专注。

你的大脑不仅会觉得越来越容易,也会根据你的要求重新塑型。就像通过锻炼能增加肌肉一样,通过一定的训练,大脑中某些区域的密度会变大,会聚集更多的灰质。比如,对学习表演杂耍的成年人来说,他们大脑中用来追踪运动物体的区域会聚集更多的灰质。大脑中某些区域的连接会更加紧密,以便更快地传递信息。如果成年人坚持每天玩 25 分钟记忆力游戏,大脑里控制注意力和记忆力的区域就会连接得更紧密。但是,脑力训练不只是为了表演杂耍,或者记住把眼镜放在哪里。越来越多的科学研究表明,通过训练大脑能增强自控力。那么,针对大脑的意志力训练到底是什么样的呢? 你可以在家里布满陷阱,来挑战"我不要"。比如,你可以在放袜子的抽屉里放块巧克力,在锻炼用的自行车旁边放上一杯酒,把高中时喜欢的女孩照片贴在冰箱上。你还可以设置一些"我要做"的障碍。比如,你可以偶尔要求自己喝杯大麦茶或做 50 次俯卧撑。

你还可以做一件更简单、更无痛的事——冥想。神经学家发现,如果你经常让大脑冥想,它不仅会变得擅长冥想,还会提升你的自控力,提升你集中注意力、管理压力、克制冲动和认识自我的能力。一段时间之后,你的大脑就会变成调试良好的意志力机器。在你的前额皮质和影响自我意识的区域里,大脑灰质都会增多。

当然,我们不用花一辈子时间去冥想,希望以此改变大脑。有些研究人员已经开始调查,如何用最短的冥想时间改变大脑(我的学生很欣赏这个方法,因为没有人会在今后 10 年里跑到喜马拉雅山某个山洞里去打坐冥想)。这项研究针对的是从来没有冥想过的人,也包括对此事持怀疑态度的人。研究人员会教他们一些简单的冥想技巧。研究发现,经过仅仅 3 个小时的冥想练习,他们的注意力和自控力就有大幅提高。11 个小时后,研究人员已经能观察到大脑的变化。刚学会冥想的人大脑里负责控制注意力、排除干扰、控制冲动的区域之间增加了许多类神经元。另一项研究发现,持续 8 周的日常冥想训练可以提升人们日常生活中的自我意识,相应大脑区域里的灰质也会随之增多。

我们的大脑竟能如此迅速地重塑自己,这听起来有点惊人。但你可以这样理解,冥想让更多的血液流进前额皮质,就像提重物能让更多的血液流进肌肉一样。人脑在接受锻炼方面和肌肉没什么区别,它会变得更强壮、更迅速,以便应付你的需要。所以,如果你准备好了要训练你的大脑,以下冥想技巧会很有用,能充分挖掘你的大脑潜能。

51 岁的安德鲁是一位电力工程师。他觉得自己不善于冥想。他觉得,冥想就是要什么都不想。即使注意力已经集中到了呼吸上,他也觉得会有别的想法溜进大脑。他没有像预期的那样很快就有进步,因此准备放弃训练了。他认为,既然自己没办法将注意力集中到呼吸上,那冥想就是在浪费时间。

很多刚尝试呼吸训练的人都会有这样的错误想法。实际上,冥想时感觉"很糟糕"才能让训练有效果。殊不知,这不仅要关注自己能否将注意力集中到呼吸上,还要注意观察,这种训练在其他时候是否影响了你的选择。

安德鲁发现,自己虽然在冥想训练时有些分心,但训练后更能集中注意力了。他还发现,在冥想训练里做的事正是他在生活中也要面对的一把自己的注意力收回,专注于最初的目标。(在冥想训练中,目标就是专注呼吸)吃午饭的时候,他本想点些高盐或油炸的垃圾食品。这时,冥想训练就发挥作用了。他能咽下即将脱口而出的刻薄言论了,也能把注意集中到成堆的任务上了。自控力是一个过程,在这个过程中,人们不断偏离目标,又不断把注意力收回来。看到自己走到了这一步,安德鲁再也不担心10分钟冥想训练里如何专注呼吸了。冥想时的感觉越"糟糕",它在现实生活中的作用就越明显。最重要的是,你在走神的时候要能意识到这一点。

## 魔力悄悄话

　　一个人容易走神,也是受到了某种诱惑,具体来说,就是某种东西调动了他的情感,这种情感又促使他的注意力离开了正在关注的事情上。如果是习惯性走神,常常是因为自己某种情感容易被调动起来。

# 六、自控力笔记

人的大脑并非总是清醒可靠,醉酒、缺觉、分心等都会影响到它。即使我们青少年的大脑精力充沛、足够清醒,也不是不存在危险。我们有能力去选择"更难的事",也会有冲动去做"容易的事"。我们需要阻止这种冲动,但冲动本身也是一种想法。

如果没有了欲望,人们就会变得沮丧;如果没有了恐惧,人们就没法保护自己、远离伤害。在意志力挑战中获胜的关键,在于学会利用原始本能,而不是反抗这些本能。

如果你想有更强的自控力,就得有更多的自我意识。

但是在过去10年里,神经学家发现,人脑像一个求知欲很强的学生,对经验有着超乎大家想象的反应。如果你每天都让大脑学数学,它就会越来越擅长数学。如果你让它忧虑,它就会越来越忧虑。如果你让它专注,它就会越来越专注。

你的大脑不仅会觉得越来越容易,也会根据你的要求重新塑型。就像通过锻炼能增加肌肉一样,通过一定的训练,大脑中某些区域的密度会变大,会聚集更多的灰质。

我们有现代人的大脑结构,所以有好几个自我。它们互相竞争,试图控制我们的想法、感受和行动。每个意志力挑战都是一次自我博弈。要想让更好的自己占据主导,我们就要强化自我意识和自控力。这样,我们才会拥有意志力和"我想要"的力量,让自己选择去做"更难的事"。

意志力实际上是"我要做""我不要"和"我想要"这三种力量。它们协同努力,让我们变成更好的自己。

很难说为什么你面对意志力的挑战会有输有赢。这次你能抵抗,下次你可能就会屈服。你可能会问自己:"我到底在想什么!?"其实你更应该问:"我的身体到底在做什么?"科学研究发现,自控力不仅和心理有关,更和生理有关。只有在大脑和身体同时作用的瞬间,你才有力量克服冲动。研究人员逐渐认识到这是一种怎样的状态,以及复杂的现代社会是如何破坏这种状态的。好消息是,当你最需要意志力的时候,你能够学会将自己的生理技能调整到这种状态。这样,当你再面临诱惑的时候,自控力就成了你的本能反应。

这些发现让心理学家把心率变异度称为身体的意志力"储备",也就是一个衡量自控力的生理学指标。如果你的心率变异度高,那么无论在何种诱惑面前,你的意志力都会更强。

最重要的是,锻炼能提高心率变异度的基准线,从而改善自控力的生理基础。神经生物学家在检查这些刚开始锻炼的人的时候,发现他们大脑里产生了更多的细胞灰质和白质。其中,白质能迅速有效地连通脑细胞。锻炼身体像冥想一样,能让你的大脑更充实、运转更迅速。前额皮质则是最大的受益者。

前额皮质受损就会失去对大脑其他区域的控制。一般来说,它能让警报系统安静下来,从而帮你管理压力、克制欲望。但是,睡眠不足会让大脑的这两个区域之间出现连接问题。警报系统不再受到审查,因此它对所有普通的压力都会反应过度。这样,身体就会一直处于应激状态中,会释放大量的压力荷尔蒙,使心率变异度大大降低。结果就是,你压力越来越大,自控力越来越差。

如果你明知道自己能获得更多的睡眠,却没法早点入睡,那就不要想睡觉这件事,想一想你到底对什么说了"我想要"。这个意志力法则同样适用于你想逃避或拖延的事——当你不知道自己做什么的时候,你或许需要知道自己不想做什么。

当我们面对的意志力挑战过于强大时,我们很容易给自己下这样的结论——我是个软弱、懒惰、毫无意志力的废物。但通常的情形是,我们的大脑和身体并未处于自控状态。当我们处在慢性压力中时,迎接意志力挑战的是最冲动的自己。想要赢得意志力挑战,我们需要调整到正确的身心状态,用能量去自控,而不是自卫。这就意味着,我们需要从压力中恢复过来,保证有能量做最好的自己。

如果你觉得自己没有时间和精力去处理"我想要"做的事,那就把它安排在你意志力最强的时候做。

广为人知的"自控力有极限"的说法或许反映了人们对意志力的看法,但没有反映出人类真正的身体或大脑极限。针对这一观点的研究刚刚展开。没有哪个人会认为人类的自控力是无限的。但是,知道我们的意志力比想象中多得多,这确实是件令人开心的事。

只要某些事让我们觉得自己尽力了,不用再担心那些问题了,我们就会蜂拥而上。(比如,托儿所会让晚接孩子的父母交罚款,但这种制度实际上增加了晚接孩子的概率。家长可以购买晚接孩子的权利,以此来消除自己的罪恶感。为了完成一些简单的事情,很多人宁愿花钱,把责任推给别人。)

适用于所有积极的改变,包括我们对自己的激励。我们需要觉得自己想成为做正确事情的人。从本质上看,道德许可就是一种身份危机。我们之所以会奖励自己的良好行为,是因为我们内心深处认为,真正的自己想做坏事。从这点来看,每次自控都是一种惩罚,只有放纵自我才是奖励。但我们为什么一定要这样看待自己呢?想要走出"道德许可"的陷阱,我们就要知道,那个想变好的自己才是真正的自己,想按核心价值观生活的自己。

通过观察自己的主要关注点,通过观察自己最常关注的东西、一直想满足的欲望和愿意去做的工作,甚至是折磨自己的东西,我们就能发现自己想要的东西。我们看着自己买下第 1000 块糖、新的厨具、另一杯饮料。我们让自己精疲力竭地追求新伴侣、更好的工作和最多的股票收益。我们误把渴望的感觉当作了快乐的保证。

作为现代人,我们在权衡"即时奖励"和"未来奖励"时,大脑处理选项的方式相当不一样。"即时奖励"会激活更古老、更原始的奖励系统,刺激相应的多巴胺产生欲望。"未来奖励"则不太能激活这个奖励系统。

增加"未来自我的连续性"不仅会增加你的存款,还能帮助你应对各种意志力挑战。较高的"未来自我的连续性"会让人现在就做到最好。"高瞻远瞩"的人需要把放纵视为一种投资，而不是只关注这么做的损失。你可以想象一下，你过一段时间能得到多少欢乐。你也可以把放纵当成恢复精力、继续工作的必经之途。当你想到今天的决定会影响自己未来的幸福，你还得想一想，如果你今天不这么做，以后肯定会后悔的。

但是，这种自动读心术也有一种自控的副作用：它会激活我们心中的共同目标。心理学家称之为"目标传染病"。研究发现，我们很容易感染别人的目标，从而改变自己的行为。

目标传染在两个方向上都会起作用——你既可以感染自控，也可能感染自我放纵。但是，我们好像更容易感染上诱惑。

为什么在关系密切的人中间？行为会传染得这么严重呢？我们可以用免疫系统作个类比。只有当免疫系统发现那些人"和我们不同"时，它才会拒绝他们的目标和行为。毕竟，我们体内的免疫系统不会攻击自身的细胞。只要它能辨别出那是自己的东西，它就不会作出任何反应。但是，只要它辨别出那是来自外部的东西，那对它来说就是威胁。它会隔离或摧毁这个病毒或细菌，这样你就不会生病了。

**魔力悄悄话**

如果你可以管理好自己的情感，让大脑的不同区域协调运转，聚焦在你所要关注的方向上，那么，你的能力就会迅速提高，你会发现以前没有发现的重要细节，你会看清事情的本来面目，捕捉住机会，你将更富有创造力和满足感——并且你总是能找到车钥匙。

# 第二章
## 自控力的本能

　　科学研究发现，自控力不仅和心理有关，更和生理有关。只有在大脑和身体同时作用的瞬间，你才有力量克服冲动。研究人员逐渐认识到这是一种怎样的状态，以及复杂的现代社会是如何破坏这种状态的。好消息是，当你最需要自控力的时候，你能够学会将自己的生理机能调整到这种状态。这样，当你再面临诱惑的时候，自控力就成了你的本能反应。

# 一、人生来就面对诱惑

起初,你会感到一阵兴奋。你的脑袋嗡嗡作响,心脏怦怦跳个不停,好像你全身上下都在说"我想要"。这时,焦虑会向你袭来。

于是,你肺部紧缩、肌肉紧绷,你开始觉得头重脚轻、内心反感。你几乎要发抖了,因为你非常想要。但是你不能要。可是你又想要。但是你真的不能要!你清楚自己需要做什么,但你不确定自己能否把持得住。

或许你的欲望对象是一杯咖啡、一杯饮料或是一杯拿铁,也许是一家时尚潮流的服装店,一家环境优美的奶茶店或是橱窗里的一个美味肉松面包。这时你就面临抉择:是屈服于诱惑,还是寻找内在力量来自控。此时此刻,即使你全身上下都在说"我想要",你也需要说出"我不想"。

当你遇到真正的自控力挑战时,你的身体一定能感觉到。这并不是孰是孰非这种抽象的命题,而是你身体内部的战斗,是你身体两部分之间的战斗,感觉就像两个不同的人在战斗。有时,欲望会占据上风。有时,那个更加明智、想变得更好的你会占据上风。

很难说为什么你面对自控力的挑战会有输有赢。这次你能抵抗,下次你可能就会屈服。

你可能会问自己:"我到底在想什么?"其实你更应该问:"我的身体到底在做什么?"

科学研究发现,自控力不仅和心理有关,更和生理有关。只有在大脑和身体同时作用的瞬间,你才有力量克服冲动。

研究人员逐渐认识到这是一种怎样的状态,以及复杂的现代社会是如何破坏这种状态的。

# 自控力——富贵不淫贫贱乐

好消息是,当你最需要自控力的时候,你能够学会将自己的生理机能调整到这种状态。这样,当你再面临诱惑的时候,自控力就成了你的本能反应。

## 魔力悄悄话

只有看到了比这些行为先发动的情感与思想的关系,才能看清这些行为的实质。推而广之,导致一个人能力不足的根源,是思想和情感关系的失衡。唯有明白了这一点,我们才能明白:能力不在外面,而在自己的内心:理顺自己的内心,就能增强你的能力。

# 二、两种不同的威胁

想要探究自控时的身体状态，我们首先要明确老虎和奶酪蛋糕的区别。很重要的一个方面是，老虎和奶酪蛋糕有相似之处——它们都不会让你长命百岁。但是从其他方面来看，它们是两种完全不同的威胁。人脑在应对它们时会采取完全不同的策略。幸好，通过进化，人类学会了保护自己不受它们的威胁。

## 1. 危险逼近的时候

让我们溯时而上，回到凶猛的剑齿虎还在捕食猎物的时代。想象一下，你正在东非的塞伦盖蒂大草原上盘算着找些吃的。或许，你正在横七竖八的尸体中寻找着午餐，一切都很顺利。那边刚死掉、还没人抢的鬣狗不正是你想要的吗？突然，大事不妙了！一只剑齿虎正埋伏在附近的树林里。或许它正在回味鬣狗这道开胃菜，并在打量着下一道菜。对，就是你了。它似乎很想把 11 英寸长的牙齿插进你的肉里。而且，它可不像现代人一样，会在满足欲望的时候感到不安。你也不要指望它在节食，会嫌弃你的肉里有太多卡路里。

幸好，你并不是第一个身处险境的人。你的祖先们早就面对过这类敌人了。你从祖先身上遗传了战斗或逃命时的本能。这种本能就是应激反应。你肯定有过这种感觉——心跳加速、下巴打战、精神高度紧张。这些身体的变化都不是偶然的。它们以某种复杂的方式与人脑和神经系统相互协调，保证你能迅速反应、全力出击。

当你看到剑齿虎时,你的生理反应是这样:信息先通过眼睛进入大脑中的杏仁体,这就是你的警报系统。这个警报系统处于大脑中部,用来探测潜在的紧急情况。当它发现威胁的时候,就会利用位于大脑中部的优势,迅速将信息传给大脑和身体的其他部分。当警报系统通过眼球得知一只剑齿虎正在盯着你的时候,它便会向大脑和身体发出一系列信号,让你产生应激反应。你的肾上腺会释放出压力荷尔蒙。以脂肪和糖的形式存储的能量会进入你的血管和肝脏。你的呼吸系统让肺部吸入空气,为身体提供足够的氧气。你的心血管系统开足马力,保证血管里的能量顺利运送到肌肉,让你随时能战斗或逃命。你身体里的每一个细胞都得到了消息——该是战斗的时候了。

当你的身体进入防御准备的时候,大脑中的警报系统要做的就是,保证大脑不会和身体产生同样的反应。它让你的注意力和感知力集中在剑齿虎身上,集中在你的周边环境上,保证你此时不会为其他东西分心。同时,警报系统会在大脑里产生复杂的化学反应,阻止前额皮质发挥作用。前额皮质正是大脑中控制冲动的区域。是的,应激反应让你更加冲动。原本有理智的、有智慧的、深思熟虑的前额皮质陷入了昏迷。这样一来,你就不容易退缩,或是反复思量是否要逃跑了。说到逃跑,我劝你在这种情况下还是赶快逃跑比较好。

应激反应是大自然赐予人类最丰厚的馈赠,尽全力逃命是大脑和身体的本能反应。你不会浪费能量去做那些无关生死的事,无论是体力还是脑力都不会浪费。因此,当发生应激反应时,可能前一分钟你还在消化早餐或是拔手上的倒刺,下一分钟你就开始自救了。你不会再浪费脑力去考虑晚餐或是岩画,而是一边警惕眼前的危机,一边迅速作出反应。换句话说,应激反应是一种管理能量的本能,这种本能决定了你将如何利用有限的体力和脑力。

## 2. 一种新的威胁

你还在塞伦盖蒂大草原上,准备来个虎口脱险吗?抱歉,我们时间旅行的日程安排得很紧,现在得赶紧返回现代了。但是,想要了解自控的生理学原理,我们确实有必要做那么一次时间旅行。让我们回到现代,远离那种已经灭绝的危险捕食者。做个深呼吸,放松一下。让我们找个更安全、更有趣的地方待着吧。

去大街上转转怎么样?想象一下,阳光明媚,微风拂面,鸟儿歌唱。但是突然之间,在面包店的橱窗里,你看到了一块最美味的草莓奶酪蛋糕。光滑的奶油表面上闪烁着耀眼的红色光芒,几颗零星散落的草莓让人忆起童年夏日的味道。你还没来得及说出"等等,我正节食呢",你的脚步已经移动到了门口,你的手已经拉开了门。门铃叮咚作响。你早已按捺不住激动,口水直流了。

现在,你的大脑和身体处于什么状态中呢?首先,你脑子里能想到的就是犒劳一下自己。当你看到草莓奶酪蛋糕的时候,大脑中部会释放出一种叫作多巴胺的神经递质,它随后会进入大脑中控制注意力、动机和行动的区域。这些多巴胺会告诉你的大脑:"现在一定要吃奶酪蛋糕,要不然会生不如死哦。"这就能解释,为什么你的手和脚会自动冲向面包房。你会想:"这是谁的手啊?拉门的是我的手吗?原来是我的手呀?啊,奶酪蛋糕要多少钱?"

这一切发生的时候,你的血糖会降低。当你的大脑感觉舌尖轻触奶油时,它便会释放出一种会影响神经的化学物质,让身体开始使用血液中携带的所有能量。为了防止可能出现的糖分昏迷和罕见的奶酪蛋糕致死事件,你需要立刻降低血液中的糖分。你看身体多会照顾你!但是,糖分的降低会让你觉得头晕目眩,这就让你更想吃奶酪蛋糕了。这可不妙,我可不想被人们当成奶酪蛋糕阴谋论者。但是,如果你把这看成是奶酪蛋糕和节食之间的斗争,那我必须得说,奶酪蛋糕大获全胜。

不过请等一下,在塞伦盖蒂大草原上,你还有一个秘密武器——自控力。自控力,就是选择去做最重要的事情的能力,即便那是件困难的事。现在,最重要的事不是奶酪蛋糕带来的一时快感。你多多少少会知道,还有更重要的事在等着你,比如健康、幸福,还有明天还能挤得进裤子里。这时,你会意识到,奶酪蛋糕威胁了你的长期目标,因此你要不惜一切代价处理好这个威胁。这就是你的自控力本能。

和剑齿虎不同的是，奶酪蛋糕并不是真正的威胁，不会对你造成直接的伤害。如果你不动刀叉的话，它就不会影响你的健康或腰围。这就对了！这回，你的敌人是你的内心。你不需要逃离面包店，你也不用杀掉奶酪蛋糕，但是你确实需要克制自己内心的欲望。你不可能真的消灭一个欲望，因为欲望在你的内心和身体里，没有办法自动消失。应激反应会让你面对最原始的欲望，而这正是你当下最不愿看到的。自控力需要另一种自救的方式，一种能对抗这种新威胁的方式。

## 魔力悄悄话

我们的生活很大程度上是由很多细节构成的，无论哪个环节出了问题，都可能对整体造成很大影响。所以，我们必须要有自控力。如果你无法掌控自己的内心，就无法掌控外面的世界。

# 三、三思而后行的自控力本能

苏珊娜·希格斯托姆是美国肯塔基大学的心理学家,她专门研究压力、希望等精神状态如何对身体产生影响。她发现,自控力和压力一样都是生理指标。

当你需要自控的时候,大脑和身体内部会产生一系列相应的变化,帮助你抵抗诱惑、克服自我毁灭的冲动。希格斯托姆称这些变化为"三思而后行"反应。这些反应看起来和应激反应完全不一样。

你可以回忆一下我们的塞伦盖蒂大草原之旅。当时,你一发现有外在的威胁,就立刻采取了应激反应。你的大脑和身体进入自我防御模式,准备进攻或者逃跑。

"三思而后行"反应和应激反应有一处关键的区别:前者的起因是你意识到了内在的冲突,而不是外在的威胁。你想做一件事(比如喝咖啡、吃大餐、学习时间浏览不良网站),但你知道自己不该做。或者,你知道你应该做什么事(比如认真听讲、完成作业、去运动),但你宁愿什么都不做。这些内在的冲突本身就是一种威胁,你的本能促使你作出潜在的错误决定。因此,当你意识到内在冲突的时候,大脑和身体会做出反应,帮助你放慢速度、抑制冲动。

## 1. 大脑和身体如何发挥意志力

"三思而后行"反应和应激反应一样,都是从大脑开始的。大脑中的警报系统总是在控制你听到、看到、闻到什么,大脑的其他区域则在记录身体各部分的状态。这种自我监测系统分布在大脑的各个部分，连接着前额皮质中的自控区域，也连接着记录身体感觉、想法和情绪的其他区域。这个系统的重要功能之一就是阻止你作出错误的决定，比如打破保持了 6 个月的戒酒状态、对你的老师大声嚷嚷，或是对过期的缴费账单视而不见。自我监测系统会随时探测存在于你思想、情绪和感觉中的警报信号，避免你做出很可能让你后悔的事。

当大脑发现警报信号后，我们的"好帮手"前额皮质就会帮我们作出正确的决定。

但是，"三思而后行"反应并不会向肌肉输送能量，它只能调整大脑状态。你自控的时候，大脑的能量供应会增加，从而帮助前额皮质发挥自控力。

正如我们看到的，"三思而后行"和应激反应一样，活动范围不止于大脑。

记住，你的身体已经开始对奶酪蛋糕作出反应。你的大脑需要让身体意识到你的目标，同时克制住冲动。要做到这一点，你的前额皮质就要传递自控的要求，降低控制心率、血压、呼吸的大脑区域的运转速度。

"三思而后行"和应激反应的作用大相径庭。当你产生"三思而后行"反应时，你的心跳不会加速，而会放缓。你的血压会保持正常。你不会像疯了一样拼命呼吸，而会深吸一口气。你的肌肉不会紧绷、随时准备采取行动，而会尽可能地放松。

"三思而后行"反应让你的身体进入更平静的状态，但不是完全按兵不动。这样做的目的不是让你在内心的矛盾面前手足无措，而是彻底解放你。

"三思而后行"反应让你避免冲动行事，给你提供更多的时间，让你深思熟虑想办法。在这种身心状态下，你能够对奶酪蛋糕说"不"。你不仅保留了尊严，还完成了节食计划。

虽然"三思而后行"和应激反应都是人类天性中的一部分，但你可能发现它看起来不像本能。反而，吃奶酪蛋糕才更像人的本能。想了解为何自控力本能不是总能生效，我们需要深入了解压力和自控力的生理学基础。

## 2. 身体的自控力"储备"

对"三思而后行"反应的最佳生理学测量指标是"心率变异度"。可能大多数人都没有听说过这项指标,但它确实能反映压力状态和平静状态下不同的身体状态。每个人的心率或多或少会有所变化。你在上楼梯的时候能明显感到心率加速。如果你很健康,即便是你在看书的时候,心率也会有一些正常的波动。我们现在说的并不是可怕的心律失常,而只是一些正常的变化。你吸气的时候心率会升高,呼气的时候心率会降低,这是正常的,也是健康的。这说明你的心脏能从交感神经系统和副交感神经系统中收到信号。前者会加速身体运动,后者会减缓身体运动。

当人们感到压力时,交感神经系统会控制身体。这种生理学现象让你能够战斗或者逃跑。心率升高,心率变异度就会降低。此时,由于伴随应激反应产生的焦虑或愤怒,心率会被迫保持在较高的水平上。相反,当人们成功自控的时候,副交感神经系统会发挥主要作用,缓解压力,控制冲动行为。心率降低,心率变异度便会升高。此时,人们能更好地集中注意力并保持平静。希格斯托姆在一次实验中首次发现了自控力的生理学指标。在这次实验中,她要求饥饿的学生们不准吃新鲜出炉的巧克力曲奇饼。(这件事真的很难,因为学生们为了准备味觉试验早就开始禁食了。他们来到实验室后,看到屋子里摆满了刚刚烤好的巧克力曲奇饼、巧克力糖和胡萝卜。实验人员说:"胡萝卜你们想吃多少就吃多少,但不能碰饼干和糖果,那是给下一组被试者准备的。"学生们很不情愿,但又必须拒绝甜食。这时,他们的心率变异度升高了。比较幸运的另一组被试者只需要"拒绝"胡萝卜,可以尽情享用饼干和糖果。他们的心率变异度没有变化。)

心率变异度能很好地反映意志力的程度。你可以用它推测谁能抵抗住诱惑,谁会屈服于诱惑。比如,当一个戒酒的人看到酒时心率变异度升高,那么他很可能会继续保持清醒。但如果情况相反,他的心率变异度降低,那么他很可能会故态复萌。研究还发现,心率变异度较高的人能更好地集中注意力、避免及时行乐的想法、更好地应对压力。他们在困难面前更不容易放弃,即便他们一开始就遭到了失败或得到了消极评价。这些发现让心理学家把心率变异度称为身体的自控力"储备",也就是一个衡量自控力的生理学指标。如果你的心率变异度高,那么无论在何种诱惑面前,你的自控力都会更强。

为什么有人如此幸运,在自控力挑战面前有更高的心率变异度,而有些人却有明显的缺陷?

有很多因素会影响到自控力储备,比如你吃什么(以植物为原材料的、未经加工的食物有助于提高心率变异度,垃圾食品则会降低心率变异度)或是住在哪里(糟糕的空气质量会降低心率变异度)。任何给你的身心带来压力的东西都会影响自控力的生理基础,甚至会摧毁你的自控力。焦虑、愤怒、抑郁和孤独都与较低的心率变异度和较差的自控力有关。慢性疼痛和慢性疾病则会消耗身体和大脑的自控力储备。但你也可以通过一些方法,将身心调节到适合自控的状态。要提高自控力的生理基础,上一章中的冥想练习就是最简单有效的方法。它不仅能够训练大脑,还能提高心率变异度。还有一些减轻压力、保持健康的方法,比如锻炼、保证良好睡眠、保证健康饮食、和朋友家人共度美好时光、参加宗教活动,都能增强身体的自控力储备。

## 3. 自控力处方

一个学生南森在某家医院做医生助理。他的工作报酬颇丰,但压力十足。因为他不仅要直接面对病患,还要担任行政职务。他发现呼吸训练让他思维清晰,在压力下能作出更好的决策。他将这种行之有效的方法介绍给了同事。他们也开始用这个方法应对压力处境,比如和病患家属交谈,或者应对长期夜班带来的疲倦。南森甚至将这个训练介绍给他的病人,帮助他们减轻焦虑、度过不适的医治过程。很多病人觉得,虽然自己无法控制病情,但放慢呼吸的训练让他们能控制自己的身心,帮他们找到了渡过难关的勇气。

魔力悄悄话

　　生活中,你需要学会去保护自己,也就是需要所谓的自控力。最有效的做法就是先让自己放慢速度,而不是给自己加速。"三思而后行"反应就是让你慢下来。

# 四、训练你的身心

　　有很多方法可以增强自控力的生理基础,这周我会介绍两种最有效的方法。这两种方法成本都不高,但都非常有效。随着时间的推移,它们的效果会越来越明显。同时,它们还能改善很多影响自控力的因素,包括抑郁、焦虑、慢性疼痛、心血管疾病和糖尿病。对于想提高自控力的同时保持健康的人来说,这绝对是一笔只盈不亏的投资。

## 1.自控力奇迹

　　心理学家梅甘·奥腾和生物学家肯恩·程刚刚总结出了一种提高自控力的新型疗法。研究结果让这两位来自悉尼麦考瑞大学的研究人员大吃一惊。虽然他们希望得出有效的成果,但没人预料到治疗效果会有如此深远的意义。他们的实验对象是 6 名男性和 18 名女性,年龄从 18 岁到 50 岁不等。经过 2 个月的治疗,他们的注意力和抗干扰能力都有所提高。值得称道的是,他们的注意力能集中 30 秒不分散。不仅如此,他们吸烟饮酒的频率和咖啡因的摄入量都有所降低,尽管没有人要求他们这样做。他们吃的垃圾食品更少了,吃的健康食品更多了。他们看电视的时间减少了,学习的时间增加了。他们觉得能更好地控制自己的情绪了。他们甚至做事不再拖沓了,连约会迟到也变少了。

　　我的天啊,他们到底用了什么神奇的药物? 我们能在哪里找到处方呢?

　　其实,这根本不是某种药物的作用。自控力的奇迹实际上来自身体的训练。被试者过去都没有固定锻炼的习惯,但在参加试验后,他们获得了健身房的免费会员资格,研究人员鼓励他们有效利用健身资源。第一个月里,他们平均每周锻炼1次。但经过2个月的训练后,他们每周最多能锻炼3次。研究人员没有要求他们改变其他生活习惯,但锻炼似乎让他们的生活充满了活力,也让他们获得了自控力。

事实证明,科学家找到的自控力良药竟然是锻炼! 对起步者来说,锻炼对自控力的效果是立竿见影的。15分钟的跑步机锻炼就能降低巧克力对节食者、香烟对戒烟者的诱惑。锻炼的长期效果更加显著。它不仅能缓解普通的日常压力,还能像百忧解一样抵抗抑郁。最重要的是,锻炼能提高心率变异度的基准线,从而改善自控力的生理基础。神经生物学家在检查这些刚开始锻炼的人的时候,发现他们大脑里产生了更多的细胞灰质和白质。其中,白质能迅速有效地连通脑细胞。锻炼身体像冥想一样,能让你的大脑更充实、运转更迅速。前额皮质则是最大的受益者。

学生们听说这项研究的时候,提出的第一个问题就是:"我需要锻炼多久?"我的回答通常是:"你想锻炼多久?"如果你设定了一个目标,但一周都坚持不下来的话,那是毫无意义的。而且,对于究竟要锻炼多久,科学研究也没有达成共识。2010年,一项针对10个不同研究的分析发现,改善心情、缓解压力的最有效的锻炼是每次5分钟,而不是每次几小时。所以,如果你只是花5分钟在小区里走走,也不用觉得不好意思。这样做的好处可能更多呢。

另一个大家都很关注的问题是:"什么样的锻炼最有效?"我的回答是:"你真的会去做什么样的锻炼?"身体和大脑是协调一致的。所以,只要是你想做的,就是最好的起点。整理花园、散步、跳舞、-做瑜伽、团队运动、游泳、逗孩子、逗宠物,甚至是精神饱满地打扫房间或者逛商店,都可以是有效的锻炼途径。如果你坚信自己不适合运动,那么我建议你把运动的定义扩大一些。如果你对以下两个问题的回答都是否定的,那么它就是一项运动。你是坐着、站着不动或是躺着吗? 你会边做边吃垃圾食品吗? 如果你找到了符合要求的运动,那么恭喜你,你已经找到了锻炼自控力的方法。任何能让你离开椅子的活动,都能提高你的自控力储备。

## 2. 不爱锻炼的人如何转变观念

54 岁的安东尼是两家很棒的意大利餐厅的老板,他的医生推荐他去听一些心理课程。他的血压很高,胆固醇也很高,他的腰围每年都要增加 1 英寸。医生警告他,如果他不改变自己的生活方式,搞不好哪天他在吃着小牛肉的时候就会心脏病爆发。

安东尼很不情愿地在办公室里放了台跑步机,但是效果甚微。他觉得,锻炼就是浪费时间,既枯燥无味又没有效果。而且,别人不停告诉他该做些什么,实在太烦人了!

但得知锻炼能增强脑力和自控力之后,安东尼对锻炼产生了兴趣。他是个很有竞争意识的人,不愿落后于他人。他开始把锻炼看成一种秘密武器,一件能让他克敌制胜的法宝。锻炼还能提高心率变异度,这对他的身体也很有益,因为心率变异度是衡量心血管疾病患者寿命长短的重要指标。

他把写着"自控力"的牌子贴到了跑步机卡路里计数器的位置,这样一来,跑步机就变成了他的自控力发动机(这家伙根本不在乎他燃烧了多少卡路里,他做饭时会想都不想就把一整勺黄油扔进锅里)。当他边跑边燃烧卡路里的时候,他的"意志力"指数攀升,他觉得自己变强大了。他每天早上坚持用跑步机给自控力加油,帮助自己面对一天里艰难的会议和漫长的工作。

意志力机器的确改善了安东尼的健康状况,这也是他的医生希望看到的。而且,安东尼也得到了他想要的东西。他觉得精力更充沛了,也更有控制感了。他原以为锻炼既浪费时间又浪费体力,但现在他发现,锻炼是件事半功倍的事。

## 3. 睡出自控力

　　如果你每天睡眠时间不足 6 个小时，那你很可能记不起自己上一次自控力充沛是什么时候了。长期睡眠不足让你更容易感到压力、萌生欲望、受到诱惑。你还会很难控制情绪、集中注意力，或是无力应付"我想要"的自控力挑战。如果你长时间睡眠不足，你就可能在每天结束的时候觉得后悔，后悔自己又屈服于诱惑了，又把要做的事拖到了明天了。最后，你会感到羞愧难当，充满负罪感。很少有人不想变成更好的人，但很少有人会考虑怎么才能休息得更好。

　　为什么睡眠不足会影响自控力？一开始，睡眠不足会影响身体和大脑吸收葡萄糖，而葡萄糖是能量的主要存储方式。当你疲惫的时候，你的细胞无法从血液中吸收葡萄糖。细胞没能获得足够的能量，你就会感到疲惫。由于你的身体和大脑急需能量，你就开始想吃甜食，想摄入咖啡因。但即便你食用了糖类或咖啡，你的身体和大脑也没办法获得能量，因为它们无法对其有效利用。这对自控力来说可不是个好消息，因为自控会消耗你有限的脑力。

　　你的前额皮质同样急需能量，能量短缺会造成严重后果。睡眠研究人员甚至为这种状态起了个有趣的名字——"轻度前额功能紊乱"。睡眠不足会让你起床的时候大脑受损。研究表明，睡眠短缺对大脑的影响和轻度醉酒是一样的。我们都知道，在醉酒的状态下，人们毫无自控力可言。

　　前额皮质受损就会失去对大脑其他区域的控制。一般来说，它能让警报系统安静下来，从而帮你管理压力、克制欲望。但是，睡眠不足会让大脑的这两个区域之间出现连接问题。警报系统不再受到审查，因此它对所有普通的压力都会反应过度。这样，身体就会一直处于应激状态中，会释放大量的压力荷尔蒙，使心率变异度大大降低。结果就是，你压力越来越大，自控力越来越差。

但好消息是,这些反应都是可逆的。如果睡眠不足的人补上一个好觉,他的前额皮质就会恢复如初。实际上,他的大脑和休息良好的人的大脑会完全一样。研究不良癖好的科学家已经开始用睡眠来治疗药物滥用患者。在一项研究中,每天5分钟的冥想训练帮助患者恢复了睡眠,让他们每天的有效睡眠时间增加了1个小时,这就大大降低了他们旧病复发的概率。因此,如果你想获得更强的意志力,那就早点休息吧。

## 4. 当睡眠成了自控力挑战

丽莎想要改掉晚睡的习惯。20岁的丽莎单身、独居,这就意味着没人能帮她制订睡眠计划。她每天早上起来的时候筋疲力尽,白天浑浑噩噩地在教室里混日子,要靠含有咖啡因的无糖苏打水撑过一天。令她感到尴尬的是,有时候上着课她就会睡过去。下午5点的时候,她既兴奋又疲惫,这种感觉让她脾气暴躁、无法集中注意力、很想吃外带快餐。在第一周的课上,她就告诉大家,她的自控力挑战就是早点睡觉。

在下一周的课上,丽莎说自己毫无进展。在晚餐时间,她对自己说:"我今晚一定能早点睡觉。"但是到了晚上11点,她的这种决心就不知道跑到哪里去了。我让丽莎描述一下她为什么没能早点睡觉。她告诉我,越是到了晚上,她就越觉得有无数事情需要马上处理。浏览社交网站、清理冰箱、删除垃圾邮件、看试用品广告——这些事没一件事情是真正紧急的,但一到深夜,这些事就莫名地给她压迫感。丽莎在睡前陷入了"再做一件事"的状态。夜越深,丽莎就越疲惫,越无法抵抗完成任务带来的短暂快感。

如果我们将"获得更多睡眠"定义为"我不要"的自控力挑战,那么事情就说得通了。真正的问题并不是强迫自己去睡觉,而是远离那些让自己没法睡觉的事。丽莎给自己定了一个规矩,11点前要关掉电脑和电视,而且不能再开始新的工作。这个规矩才是丽莎真正需要的,因为这样她就能感觉到自己有多疲惫了,也就可以在午夜之前入睡了。之后,丽莎每晚都能睡 7 个小时。她发现，试用品广告和其他晚间诱惑都失去了吸引力。不过几周的时间，她已经有能量应对下一个自控力挑战了——戒掉无糖苏打水和外带快餐。

**魔力悄悄话**

　　自控力还有一个最根本的作用，就是能够让我们弄清楚自己是谁，从哪里来，要到哪里去。一旦我们弄懂了这些，明白自己的优点和缺点，就会变得强大起来。从根本上说，强大的人之所以强大，是因为他们知道自己在某些方面弱小；而弱小的人之所以弱小，是因为他们还不知道自己在哪些方面强大。

# 五、自控力太强的代价

自控力本能是个奇妙的东西：因为大脑辛勤工作，身体积极配合，所以你能根据长远目标作出决定，而不会被恐慌或及时行乐所左右。但自控力也是有代价的。

集中注意力、权衡目标、缓解压力、克制欲望等所有这些脑力工作都需要能量，真正的身体能量。这就好比，在紧急情况下，肌肉需要能量逃跑或战斗。

大家都知道，压力过大会影响身体健康。如果你长时间处于压力状态下，身体就会不停地把能量转移到应对突发状况上。这些能量本应服务于更长期的需求，比如消化、繁殖、治愈创伤、对抗疾病。这就是为什么慢性压力会演变成心血管疾病、糖尿病、慢性背痛、不孕不育、感冒……

实际上，你根本不需要对这些司空见惯的压力作出应激反应。但只要你的大脑不停识别出外在威胁，你的身心就会始终处于高度紧张、冲动行事的状态。

因为自控力需要大量能量，很多科学家都认为，长时间的自控就像慢性压力一样，会削弱免疫系统的功能，增大患病的概率。

自控力过强会有害身体健康？你可能是第一次听说吧。

正如适度的压力是有意义的健康生活不可缺少的一部分，适当的自控也是必需的。但是正如慢性压力会影响健康一样，试图控制所有的思想、情绪和行为也是一剂毒药，会给你带去过重的生理负担。

自控和压力反应一样，都是颇具技巧性的应对挑战的策略。但和压力的道理一样，如果我们长期地、不间断地进行自控，就很有可能遇上麻烦。

我们需要时间来恢复自控消耗的体力,有时也需要把脑力和体力消耗在别的方面。为了能够保持健康、维持幸福生活,你需要放弃对自控力的完美依赖。

**魔力悄悄话**

即便你增强了自己的自控力,你也不可能完全控制自己想什么、感觉什么、说什么或者做什么。你需要明智地使用自控力的能量,有选择性地去做一些对自身、对他人有益处的事。

# 六、充满压力的国度

很多人对自控力的理解是这样的:它是一种个人特征、一种美德、一种你可能有也可能没有的东西、一种面临困境时突然爆发出的力量。但从科学的角度来说,并不是这样的。自控力是一种不断进化的能力,是每个人都有的本能。它详细地记录了身体和大脑的状态。但我们也发现,如果陷入压力或抑郁,人的大脑和身体就可能互不协调。自控力会受到多方面的影响,比如睡眠不足、饮食不良、久坐不动和各种消耗能量的事情,或是身心长期处于压力状态之下。

科学家也告诉我们,压力是自控力的死敌。但很多时候,我们都以为压力是解决问题的唯一途径。有时,我们甚至想方设法增加自己的压力,或者,我们会通过对别人施加压力来敦促他人,比如调高办公室的温度,或在家里绷着一张脸。这在短期内可能有效,但从长远的角度看,没有什么比压力更消耗自控力了。压力和自控的生理学基础是互相排斥的。应激反应和"三思而后行"反应都能帮助我们管理能量,但是它们将能量和注意力引向不同的方向。应激反应让身体获得能量、按照本能行事。这些能量不会流入大脑,因此你也就无法做出明智的决定。

近些年来,很多颇具影响力的权威人士称美国已经丧失了群体自控力。他们说,如果这是真的,原因绝不是因为美国核心价值观的缺失,而是当今社会越来越大的压力和越来越严重的恐慌情绪。2010年,美国心理学协会调查发现,75%的美国人处在高压之中。回想一下近10年来的各种事件,从恐怖袭击和流感疫情,到环境灾难、自然灾难和失业,再到最近的经济崩溃,这个结果并不让人吃惊。耶鲁大学医学院的研究人员发现,在2001年"9·11"后的一周里,病人的心率变异度急剧降低。我们遭受了沉重的打击,所以"9·11"后数月内饮酒、吸烟、吸毒比例急剧升高都不足为奇。在 2008 年和 2009 年经济危机严重时,同样的情况再次发生。据报道,美国人应对压力的方式主要是沉溺于垃圾食品,而烟民更是变本加厉地抽烟,甚至放弃了戒烟的念头。

美国也越来越缺少睡眠。2008 年,国家睡眠基金通过研究发现,与1960 年相比,美国成年人每晚平均少睡 2 个小时。睡眠习惯很可能降低整个国家的自控力和注意力。一些专家认为,平均睡眠时间的减少是肥胖率上升的原因之一。睡眠不足会影响大脑和身体吸收能量,因此睡眠时间不足 6 小时的人肥胖概率更高。研究人员还发现,睡眠过少会导致无法控制冲动和无法集中注意力,这和注意力缺陷与多动症很类似。儿童多动症的概率急剧攀升很可能和这种睡眠习惯有关,因为儿童往往受成人睡眠习惯的影响,而且儿童需要更多的睡眠。

如果我们想更好地应对挑战,就需要更有效地管理压力、照顾自己。疲惫不堪、处于高压之中的人会有明显的劣势,而我们却是一个疲惫不堪、处于高压之中的国家。我们的坏习惯(比如过度饮食和睡眠不足)不仅反映了我们缺乏自控力,还消耗了我们的体力,带来了更多的压力,偷走了我们的自控力。

## 魔力悄悄话

自我压抑之所以可怕,是因为它压抑了最真实的自我,强迫我们去走一条并不属于我们自己的道路。自控力之所以能使我们强大,是因为它以最真实的自我为起点,以自己最钟爱的事情为核心,一步一步去拓展自己,最大程度去实现自己的价值。

# 第三章
## 自控力的极限

　　每当你试图对抗冲动的时候，无论是避免分散自控力、权衡不同的目标，还是让自己做些困难的事情，你都或多或少使用了自控力。甚至很多微小的决定也是这样，比如在超市的 20 个牌子里挑出你想要的洗衣粉。如果你的大脑和身体需要停下来思考一下再作决定，你就是在拉伸像肌肉一样有极限的自控力。

# 一、自控的肌肉模式

罗伊·鲍迈斯特是佛罗里达州立大学的心理学家,也是第一位系统观察和测量意志力极限的科学家。他在研究令人困惑的问题方面颇有声望。他研究的问题包括:为什么锦标赛期间球队会在主场出现劣势? 为什么陪审团更容易认为长相较好的罪犯无罪? 他的研究触角甚至伸向了邪恶的宗教仪式、性虐待和外星人绑架——这些都是会吓跑大多数研究人员的课题。不过,你可能会说,他最可怕的发现与神秘现象毫无关系,与普通人的人性弱点倒是很有关系。在过去的 15 年里,他让人们在实验室中用意志力拒绝饼干、排除干扰、抑制怒火、把胳膊浸入冰水里。他通过数不清的实验发现,无论他给被试者布置怎样的任务,人们的自控力总会随着时间的推移而消失殆尽。一旦时间过长,注意力训练就不仅会分散注意力,还会耗尽身体的能量。控制情绪不仅会导致情绪失控,还会促使人们购买他们本不需要的东西。抵抗甜食的诱惑不仅会让人更想吃巧克力,还会导致拖延症。似乎人们每一次动用意志力都是从同一个来源汲取力量。所以,每次成功自控之后,人们就会变得更虚弱无力。

在观察之后,鲍迈斯特做出了一个有趣的假设:自控力就像肌肉一样有极限。它被使用之后会渐渐疲惫。如果你不让肌肉休息,你就会完全失去力量,就像运动员把自己逼到筋疲力尽时一样。基于这个假设,鲍迈斯特实验室和其他研究团队都证明了自控力是有限的。试图控制你的脾气、按照预算支出、拒绝成为第二名,都是从同样的来源获取能量的。而且,因为每次使用自控力它都会有消耗,所以自控可能会导致失控。工作时忍着不闲聊,会让人更难抵挡甜点的诱惑。即使你拒绝了那份诱人的提拉米苏,你也会发现,回到办公桌后很难集中精力做事。

很多你认为不需要自控力的事情,其实都要依靠这种有限的能量,甚至要消耗能量。比如,试图打动约会对象、融入一家企业文化和你价值观不符的公司、在糟糕的路况中上下班,或者是干坐着熬过无聊的会议,都是如此。每当你试图对抗冲动的时候,无论是避免分散自控力、权衡不同的目标,还是让自己做些困难的事情,你都或多或少使用了自控力。甚至很多微小的决定也是这样,比如在超市的 20 个牌子里挑出你想要的洗衣粉。如果你的大脑和身体需要停下来思考一下再作决定,你就是在拉伸像肌肉一样有极限的自控力。

这种模式既让人安心,也令人泄气。令人欣慰的是,不是每次自控力失败都表明我们先天不足。因为有的时候,这其实证明了我们付出了太大的努力。虽然想着"我们不能期待自己是完美无缺的"会给人安慰,但这项研究也指出了很多重要的问题:如果自控力是有限的,那是不是说我们努力实现最重要的目标注定会失败? 我们生活的社会几乎每时每刻都要求我们做到自控,那是不是说我们注定成为毫无自控力的僵尸,漫无目的地游走于世间,只为寻求一时之快?

幸好,我们能通过一些方法克服自控力枯竭。这是因为,肌肉模式不仅有助于我们了解为什么自己疲惫的时候会失败,还告诉我们应该如何训练自控力。我们首先要思考的问题是,为什么自控力会疲惫。然后,我们要向耐力十足的运动员学习(他们经常透支体能),寻找增强自控力的方法。

## 魔力悄悄话

人生充满了挫折,五花八门的困难层出不穷,各种各样的打击接连不断,让人应接不暇。正因为是这样,很多人才会整日徘徊在懊悔、郁闷和痛苦中,处于一种自我失控状态。我们每一个人都不是完美无缺,不断提高我们自身的自控力,才能减少我们的自身的缺点,接近完美。

# 二、自控力的局限

很明显,我们的肱二头肌下面没有真正的"自控力肌肉",阻止我们向甜点和钱包伸手。但是,我们的大脑里确实存在类似"自控力肌肉"的东西。虽然大脑是一个器官,是一块肌肉,但反复自控还是会让大脑疲惫。

马修·加略特是一名年轻的心理学家,他和鲍迈斯特一起工作。他很好奇大脑疲惫是不是因为缺少能量。自控对于大脑来说需要很多能量,但我们体内的能量供应是有限的。毕竟,我们无法用静脉注射的方法给前额皮质输送糖分。加略特想,大脑能量耗尽是否直接导致了自控力的枯竭?

为了找到答案,他决定作一个测试,看看是不是以糖分的形式提供能量,就能让人恢复自控力。他把人们带进实验室,布置了一系列自控力任务,比如集中注意力和控制自己的情绪。他在做每个任务前后分别测量人们的血糖含量。被试者在完成任务后血糖含量降得越多,他们在下一个任务中表现得就越差。看起来,自控消耗了身体的能量,而能量的消耗又削弱了自控力。

于是,加略特给这些自控力耗尽的被试者每人一杯柠檬水。一半人拿到的是含有糖分的柠檬水,他们恢复了血糖含量。另一半人拿到的是"安慰柠檬水",它的甜味是人工调制的,不能提供有用的能量。令人惊讶的是,提高血糖含量让人们恢复了自控力。喝到含糖柠檬水的被试者表现出了更强的自控力,而喝到"安慰柠檬水"的人自控力继续减弱。

看起来,低血糖能解释很多自控力失效的情况,比如在一项困难的测试中半途而废,或是生气时冲别人大喊大叫。加略特现在是土耳其高峰大学的教授,他发现,低血糖人群更可能墨守成规,更不喜欢为慈善事业捐款或帮助陌生人。似乎能量不足让我们变得更糟糕。相反,给被试者一块糖就能让他们进入最好的状态,变得更有毅力,更不容易冲动,更体贴,更关心他人。

这项发现虽然看似违反常理,却令人雀跃。糖一下子成了你最好的朋友。吃块糖,喝点苏打水,原来能增强自控力,或者至少能让你恢复自控力!学生太喜欢这项研究了,他们迫不及待地要尝试一下。一个学生通过不停吃彩虹糖完成了一个有难度的项目,另一个学生口袋里揣着欧托滋(一种含真正糖分的薄荷糖)撑过漫长的会议。他们将科学转化为行动,我得为这样的热情鼓掌!而且,我也能理解他们对甜食的热爱。

如果糖分真是自控力的关键,我肯定已经写了不少畅销书,而且有很多想和我合作的赞助商了。但是,当学生们开始进行这项自控力补充实验的时候,包括加略特在内的一些科学家开始提出一些很好的问题:到底我们在自控的时候消耗了多少能量?恢复能量是否真的需要消耗那么多糖分?宾夕法尼亚大学心理学家罗伯特·科兹本认为,自控时大脑每分钟需要的能量不会超过跑酷运动所需能量的一半。自控可能比大脑处理其他问题时所用的能量多,但远远低于身体运动时所需的能量。如果你有体力在小区里散步,那么自控绝对不会耗尽你身体所有的能量储备,也不需要你喝一杯100卡路里的含糖饮料来补充体能。那么,自控时大脑消耗的能量为何能如此迅速地耗尽自控力?

## 1. 能量危机

要回答这些问题,我们就要回想一下美国2009年的银行危机。2008年金融危机爆发之后,银行得到了政府的大量资金援助。这些资金本应用来帮助银行履行自己的金融义务,以便它们重新开始放贷。但银行不愿将钱借给小型企业或个体经营者,它们对这些人的资金偿还能力没有足够信心,所以把这些资金囤积起来了。银行真是些小气鬼!

事实上,你的大脑可能也是个小气鬼。在某个特定时刻,大脑只能提供很少的能量。它可以在细胞中储存一些能量,但这部分能量主要依赖血液中不断流动的葡萄糖。当大脑发现可用能量减少时,它便会有些紧张——如果出现能量不足怎么办? 和银行一样,它也会决定不再支出,决心保存资源。它会消减能量预算,不再支出所有的能量。第一项要削减的开支是什么? 对了,就是自控。因为,自控是所有大脑活动中耗能最高的一项。为了保存能量,大脑不愿意给你充足的能量去抵抗诱惑、集中注意力、控制情绪。

南达科他大学的研究员 X. T. 王(X. T. Wang)是一位行为经济学家,他和心理学家罗伯特·德沃夏克一起提出了自控的"能量预算"模型。他们认为,对大脑来说,能量就是金钱。资源丰富的时候,大脑会支出能量;当资源减少时,它就会保存能量。为了验证这一观点,他们邀请了 65 个 19 岁~51 岁年龄不等的成年人来到实验室,测试他们的自控力。被试者需要作出一系列二选一的抉择,比如,是明天拿 120 美元还是一个月后拿 450 美元。其中一个选项奖励虽少,但获取的时间更短。心理学家将此视为经典的自控力测试,因为它让人们在短期利益和长期利益之间作出选择。研究结束后,被试者有机会获得他们选择的一项奖励。这是为了促使他们按照自己的真实想法做选择。

在做选择之前,研究人员测量了被试者的血糖含量,这是自控力可用"资金"的基本点。在第一轮选择后,被试者会得到一杯普通的含糖苏打水(可以提高血糖含量)或零卡路里的无糖苏打水。研究人员再次测量血糖含量,并让被试者作出另外一些选择。喝过普通苏打水的被试者血糖含量明显升高,他们更可能选择时间更长、奖励更多的选项。相反,喝过无糖苏打水的被试者血糖降低,他们更可能选择时间更短、奖励更少的选项。重要的是,能预测被试者选择结果的并不完全是血糖含量,而是血糖的变化方向。大脑会问:"可用能量是在增加还是在减少?"然后,它会做出支出或保存体力的战略性决定。

## 2. 饥饿难耐的人不该拒绝零食

大脑在能量降低时拒绝自控或许还有别的原因。我们的大脑和我们所处的进化环境很不一样,人类自身的食物供应情况是难以预测的。(还记得我们在塞伦盖蒂大草原上到处搜寻鬣狗尸体吧?)德沃夏克和王认为,现代人的大脑可能仍把血糖含量作为资源稀缺或资源充足的标志。灌木丛中是浆果满盈,还是寸草不生?晚餐是会从天而降,还是需要我们苦苦搜寻?是每个人都有足够的食物,还是我们需要和体型更大、速度更快的捕食者抢吃的?

回到大脑成形阶段,血糖含量降低和你能不能获得食物有关,和你用前额皮质的能量拒绝一块饼干则没什么关系。如果你有一会儿没吃东西,你的血糖含量就会降低。对检测能量的大脑来说,你的血糖含量就是一项指标。当你无法很快找到食物的时候,血糖含量能预测你还有多久会被饿死。

资源不足时,大脑会选择满足当下的需求;资源充足时,大脑则会转向选择长期的投资。

在一个无法预测食物供应的世界里,这是绝对的优点。那些过很久才有饥饿感的人,或是那些抢饭时文质彬彬的人,最后会发现什么都没被剩下。

在食物匮乏的时代里,听从胃口的指示、冲动行事的人更可能活下来。那些愿意冒险的人,无论是去发现新大陆,还是去尝试新事物或新配偶都是最有可能生存下来的,或者至少能让他们的基因留存下来。现代社会中出现的失控实际上是大脑战略性冒险本能的延续。为了不至于被饿死,大脑决定冒更大的风险,处于一种更冲动的状态。实际上,研究表明,现代人在饥饿的时候更愿意冒险。

比如,人们饥饿的时候会作出更冒险的举动,在节食后会更愿意"尝试多种交配策略"(这是进化心理学家的术语,实际上指的是背着自己的伴侣偷情)。

不幸的是,在现代西方社会,这种本能已经没什么好处了。身体内部的血糖含量变化不再是饥荒的前兆,也不会让人因为怕活不过冬天而着急留下自己的基凶。但是,当你的血糖含量降低时,你的大脑仍旧会考虑短期的感受,会去冲动行事。大脑的首要任务是获得更多能量,而不是保证你作出明智的决定,实现你的长远目标。这就意味着,股票经纪人可能在午餐前买进错误的股票,节食者更容易去"投资"彩票,不吃早餐的政客可能觉得实习生魅力难挡。

魔力悄悄话

激发一个人的自控力,最好的方式就是把当下跟更高层次上的生活和人生目的紧密联系起来,因为这样更能帮助一个人尽快过上想要的生活,实现一个人的真正意义上的价值。

# 三、训练"自控力肌肉"

如果自控力是肌肉的话(仅仅是比喻意义上的肌肉),我们也应该能训练它。锻炼身体可能让你的自控力肌肉感到疲惫,但经过一段时间的锻炼,它肯定能变得更强健。

研究人员已经把这个想法融入了自控力训练体系。我们说的不是军训,也不是断食法。这种锻炼的方法更简单——让人们控制自己以前不会去控制的小事,以此来训练自控力肌肉。比如,在一个自控力训练项目中,被试者需要自己设定一个期限,并在规定时间内完成任务。你可以用这种方法对付你一直拖着不做的事,比如清理壁橱。你设定的期限可能是:第一周,打开柜门,看着一堆乱七八糟的东西;第二周,整理好挂在衣架上的东西;第三周,扔掉所有在里根政府上台前买的衣服;第四周,看看慈善商店还要不要旧东西;第五周,成果自见分晓。当被试者给自己设定了2个月的期限后,他们不仅会清理壁橱、完成项目,还会改善饮食习惯、勤加锻炼、戒掉香烟、酒精和咖啡因,就像是他们的自控力肌肉更强健了一样。

另一些研究发现,在一些小事上持续自控会提高整体的自控力。这些小事包括改变姿势、每天都用力握一个把手、戒掉甜食、记录支出情况。虽然这些小小的自控力锻炼看起来无关紧要,但它却能让我们应付自己最关注的意志力挑战,比如集中注意力工作、照顾好自己的身体、抵制住诱惑、更好地控制情绪。一个由西北大学心理学家团队牵头的项目还研究了两周的意志力训练能否降低对爱侣的暴力倾向。他们给40个成年人(年龄从18岁到45岁不等,但全部处于恋爱中)分配了三种不同的环境。第一组被试者需要用不常用的一只手吃饭、刷牙、开门。另一组被试者不许轻易发誓,必须说"好的(yes)"而不是"好(yeah)"。第三组没有任何要求。

两周后,在妒火中烧或觉得没有被伴侣尊重时,处于自控环境中的前两组被试者已经不太容易出现暴力反应了。但是第三组的反应毫无变化。我们都知道,人们一旦失控或怒火中烧,会做出很多让自己后悔的事,即便你本身并没有暴力倾向。

这些研究中训练的"肌肉"不是为了让你在规定期限前完成任务、用左手开门或不说脏话,而是让你养成习惯、关注自己正在做的事情、选择更难的而不是最简单的事。通过每一次自控力练习,大脑开始习惯于三思而后行。这些任务中的微小细节也会影响整个过程。这些任务具有挑战性,但不是不可战胜的。自我约束需要集中注意力,所以不太会产生严重的疲劳感。("你为什么不让我说'好'?不说这个字我根本活不下去!")因此,被试者能通过看似不重要的自控力挑战来训练"自控力肌肉",同时不用担心自己无法坚持到底。

你可以选一个和自己面对的自控力挑战有关的练习。比如,如果你的目标是存钱,那么你就需要记录支出情况。如果你的目标是多锻炼,那么你每天早上洗澡之前就要做 10 个仰卧起坐或俯卧撑。即便你的实验结果不会直接服务于你的目标,自控力肌肉模式也会告诉我们,即使是以看似最愚蠢、最简单的方式每天锻炼自控力,也能为你的自控力挑战积攒能量。

38 岁的吉姆是一位自由职业图形设计师,他说自己生来嗜糖如命,没有哪种糖果是他不喜欢的。我认为,如果一个人能抵抗诱惑的话,把糖放在视线内能提高这个人的自控力。吉姆对此非常感兴趣。他在家里工作,经常在他的办公室和其他房间之间穿梭。他决定在玄关处放一个装满糖豆的玻璃罐,这样他每次进出办公室都能看到它。他不是完全戒掉吃糖,但他给自己定的规矩是"不吃罐子里的糖",以此来锻炼他的"自控力肌肉"。

第一天的时候,他本能地把糖豆放进嘴里,而且很难停下这种冲动。但是一周后,拒绝糖豆变得容易了很多。看到糖豆的时候,他会想到自己的目标是锻炼"我不要"的力量。他对自己取得的进步感到很吃惊,于是,为了获得更多的锻炼机会,他开始更频繁地经过糖果罐。开始的时候,吉姆很担心这种看得见的诱惑会耗尽他的意志力,但后来他发现,整个过程中自己都精力充沛。当他拒绝了糖果罐返回办公室的时候,他觉得动力十足。吉姆觉得很惊讶,他没有想到,自己曾以为完全控制不了的事竟能在这么短的时间里有了改变。而他做的不过是给自己设定了一个很小的挑战目标而已。

## 魔力悄悄话

　　过去的事情已经过去了,现在你应该做的就是从中吸取教训,提升自控力,投入到未来的生活中,营造出新鲜、开放、积极的生活观,这样你才能在生活中争取到属于自己的东西。

# 四、自控力是否真的有"极限"

在我们生活中有一个问题尚不明确——我们到底是没了力量,还是没了自控力? 是不是戒烟的人真的不可能严守开支预算? 是不是节食的人真的不可能抵挡风流韵事? 困难的事和不可能做到的事是有区别的,但自控力的极限在这两种事上都有反映。要回答这个问题,我们就要回想一下"自控力肌肉"这个比喻,看一看为什么你胳膊和腿上的肌肉会疲惫。

## 1. 冲过终点

30 岁的卡拉已经跑完了 26.2 英里的半程距离。这是她第一次参加铁人三项比赛,她感觉棒极了。她已经坚持完成了 2.4 英里的游泳和 112 英里的骑车,而跑步是她最拿手的项目。按目前的进度来说,卡拉比自己预想中的要快。但是,卡拉迎来了转折点。她心里一想到自己经历过的困难,身体就变得很沉重。她浑身上下都在疼,从肩膀到起了水泡的脚都不舒服。她的两条腿变得十分沉重,像是灌了铅一样,似乎再也无力支撑下去。她身体里的开关好像被关上了,并在对她说:"你完蛋了。"她的乐观精神消失了。她心想:"结果总不会像开始一样好。"尽管疲惫让她觉得自己的双腿、双脚已经不听使唤了,但实际上它们还在动。每当她想到"我坚持不下去了"的时候,她都对自己说:"你会坚持下去的,只要不停地把一只脚放在另一只脚前面,你就能到达终点线了。"

卡拉坚持完成铁人三项的例子很好地解释了什么是虚假疲惫。运动生理学家过去认为,当我们的身体放弃的时候,它们就是真的不能继续工作了。疲惫就是肌肉不继续工作了，道理很简单，因为肌肉用光了能量储备。它们无法获取足够多的氧气，无法让能量发生新陈代谢反应。此时，血液的 pH 值过于偏酸性或偏碱性。这些解释从理论上来讲说得通，但没有人能证明这就是为什么锻炼者会放慢速度，甚至选择放弃。蒂莫西·诺克斯是开普敦大学研究锻炼和运动科学的教授，他对此有不同的看法。诺克斯的特点是敢于挑战成规，并因此闻名于体育界。比如，他证明了在耐力性比赛中，摄入过多液体会稀释人体必需的盐分，从而导致运动员猝死。诺克斯自己也跑超级马拉松，他对一个鲜为人知的理论有了兴趣，这个理论是在 1924 年由诺贝尔奖得主、生理学家阿奇博尔德·希尔提出的。希尔指出，运动疲劳的原因或许不是肌肉无法继续工作，而是大脑中过度保护性的监控机制发挥了作用。身体努力工作的时候，会对心脏有很大的需求，而这种监控机制（希尔称为"管理者"）会让一切放慢速度。希尔没有推测为什么大脑会产生疲惫感，并最终让运动员放弃，但诺克斯对这个假设暗示的东西非常着迷——身体的疲惫是大脑对身体耍的花招。如果事实的确如此，那就意味着，当运动员的身体第一次想放弃的时候，其实他们还远远没到自己的身体极限。

诺克斯和他的几位同事开始查阅资料，试图发现耐力运动员在极限状态下的状态。他们发现，运动员的肌肉没有任何生理上的疲惫感，但他们的大脑却告诉肌肉停下来。大脑感觉到了不断升高的心跳速度和快速减少的能量供应，便对身体喊了"暂停"。同时，大脑产生了强烈的疲惫感，但这和肌肉能否继续工作毫无关系。正如诺克斯所说，"疲惫不是一种身体反应，而是一种感觉，一种情绪。"很多人都认为，疲惫就意味着我们不能再继续了。但这个理论告诉我们，疲惫只不过是大脑产生的某种反应，好让我们停下来。这就像焦虑会让我们不去做危险的事情，恶心会让我们不去吃讨厌的东西一样。但因为疲惫是一种预先警报系统，所以极限运动员能不断突破常人眼中的身体极限。这些运动员知道，第一波疲惫感绝对不是自己真正的极限，只要有了足够的动力，他们就能挺过去。

这和我们刚开始谈到的大学生填鸭式背书和狂吃垃圾食品有什么关系呢？这和节食者背着配偶偷情、文职人员注意力不集中又有什关系呢？

现在,一些科学家相信,自控力的极限和身体的极限是一样的道理,也就是说,我们总是在自控力真正耗尽之前就感到无法坚持了。在某种程度上说,我们应该感谢大脑帮助我们保存能量。正如大脑担心体能枯竭时会告诉肌肉放慢速度一样,大脑也会对大量消耗前额皮质中能量的活动喊"停"。这并不意味着我们用光了自控力,我们只是需要积攒使用自控力的动力罢了。

我们对自身能力的认知会决定我们到底是放弃还是坚持。斯坦福病理学家发现,有些人认为大脑的疲惫感不会对自控力产生威胁。至少在科学家能在实验室里设置的一般性自控力挑战中,这些自控力强的运动员并没有出现"肌肉模式"预测的那种自控力衰竭。根据这些发现,斯坦福的心理学家提出了一种在自控力研究领域内独树一帜的观点,这种观点与诺克斯在运动生理学领域的研究结果如出一辙。这种观点认为,广为人知的"自控力有极限"的说法或许反映了人们对自控力的看法,但没有反映出人类真正的身体或大脑极限。针对这一观点的研究刚刚展开。没有哪个人会认为人类的自控力是无限的。但是,知道我们的意志力比想象中多得多,这确实是件令人开心的事。或许我们也可以像运动员一样,挺过自控力消耗殆尽的感觉,冲过自控力挑战的终点。

## 2. 只要你愿意,你就有自控

卡拉在第一次铁人三项比赛中觉得筋疲力尽、无法继续的时候,她想到自己多么想完成比赛,多么想看到冲过终点时欢呼的人群。事实证明,"自控力肌肉"也可以在正确的激励下坚持更长的时间。奥尔巴尼大学心理学家马克·穆拉文和伊丽莎维塔·斯莱莎莉娃发现了很多激励自控力枯竭的学生的动力。意料之中的是,金钱能帮助本科生储存自控力,他们为了钱会做之前觉得太疲惫而无法进行的事。(想象一下,如果有人给你100美金,让你不要吃这包女童子军饼干,饼干是不是就没那么不可抗拒了?)如果学生们听说,自己做到最好有助于研究人员发现治愈老年痴呆症的方法,他们也会有更强的自控力。不过,对耐力运动员来说,这个说法可没什么用。最后,仅仅保证这个练习能让他们今后面对困难时表现得更出色,也能让学生们挺过自控力疲惫期。但这并不是一个显而易见的动力,它只能决定人们能否在人生转折点处坚持下来。如果你觉得戒烟一年后和刚开始戒烟时一样困难,你看到香烟时简直想把眼睛挖出来,那么你很可能会中途放弃。但是,如果你能想象有朝一日"拒绝诱惑"会成为你的第二天性,你就会更愿意挺过暂时的痛苦。

这一周,当你面临挑战的时候,问问自己,那一刻哪种动力最能让你坚持下去。你愿不愿意为了别人,而不是为了自己,去做那些困难的事?是对未来的憧憬,还是对命运的恐惧,推动你前进?当你发现了自己最重要的"我想要"的力量,发现了你脆弱时给你力量的东西之后,只要你觉得自己就要在诱惑前放弃了,就想想这个动力。

## 3. 沮丧的母亲发现了她的"我想要"的力量

艾琳是一对两岁双胞胎兄弟的母亲,她在家中照看这两个难缠的小家伙。教育孩子让她筋疲力尽,孩子们从会说"不"开始就让艾琳疲惫不堪。她觉得自己总处在崩溃的边缘。在双胞胎因为小事而不停打斗的时候,她几乎失去了理智。她的意志力挑战就是学会怎样在即将爆发的时候保持冷静。

艾琳想到了让自己控制脾气的最大动力。答案很明显,那就是"当个好家长"。但当她气急败坏的时候,这个动力就不起作用了。她会记得自己想要"当个好家长"这件事,但这会让她更加气急败坏!艾琳意识到,更重要的动力是"享受当家长的过程",这和"当个好家长"完全是两码事。艾琳之所以通过大喊大叫来发泄情绪,并不只是因为孩子们做的错事,而是因为她觉得自己在很多方面和"完美妈妈"相差甚远。有一半时间,她都是对自己发火,却把孩子当成出气筒。她一直念念不忘自己放弃了工作(她工作时很有效率),选择了做一件让自己如此失控的事。意识到自己不是个完美妈妈,不会让她变得更有自控力,只会让她觉得更难受。

要获得控制情绪爆发的意志力,艾琳就需要意识到,保持冷静对自己和孩子们来说同样重要。大喊大叫不是件有趣的事,她自己也不喜欢那个失控的自己。理想和现实之间巨大的差距让她万分沮丧,甚至让她开始怀疑自己是否真的想当一个好家长。但是,艾琳真的想当一个好家长。停下来、喘口气、选择更平缓的反应方式,不仅能让她的儿子们有一个更好的母亲,也让她更加享受和孩子们在一起的时光,让她感觉到放弃工作、在家育儿是正确的选择。想到这些,艾琳发现保持冷静变得容易多了。不对孩子们大喊大叫,就是不对自己大喊大叫,这让她在混乱的育儿过程中找到了些许乐趣。

**魔力悄悄话**

情感就像水,如果管理不当,淹没了自己,人的智商就会变得低下,大脑就会失去能力。心理学的研究告诉我们,只有当积极情感占据情感总量的四分之三时,你的大脑才会运转正常,发挥机能。

# 五、日常消耗和文明毁灭

有足够的证据表明，日常所需的自控会消耗自控力，而我们需要这些自控力来抵抗日常的诱惑，比如饼干和香烟。当然，这不是什么好消息。这些诱惑固然会威胁我们的个人目标，但和一个意志力慢性衰竭的社会面临的后果比起来，这不过是小巫见大巫。最令人担忧的是，关于自控力疲惫的研究指出了这样的危险。这项研究名为"树林游戏"，用"公共货物"检测参与者的自控力。在这个仿真经济体系中，玩家们在 25 年内拥有一家木材厂。第一年，他们有 500 英亩树林，树林每年以 10% 的速度生长。在任何一年中，每个人能砍掉 100 英亩的树林。每砍掉 1 英亩的树林，他们就能赚到 6 分钱。不用考虑具体的数字也能知道，在这种情况下，经济收益最高的方法，也是最环保的方法，就是让树木自由生长，而不是砍伐树木出售。但是，这就需要玩家和队友合作时有耐心、有自控力。这样，就不会有人会选择立刻砍伐森林并大赚一笔。

在游戏开始前，有些团队先完成了一项自控力任务。这项任务很消耗自控力，需要他们集中注意力。因此，他们的自控力在开始游戏时已经有一点疲惫了。在游戏中，这些玩家为了获得短期的经济效益而大量砍伐森林。在仿真游戏的第 10 年中，他们的 500 英亩树林只剩下 62 英亩了。到第 15 年，树林全被毁掉了，仿真游戏只好提前结束。这些队员之间没有相互合作，他们默认的策略是"在别人卖掉树林之前，能抢到什么就赶快抢"。相反，那些没有提前做任务的玩家在 25 年结束时还拥有树林。他们保留了一些树木，赚的钱也更多。这就是团队合作、经济收益和环境管理。我不知道你会怎么选，但我知道自己会选谁管理我的树林、业务或者国家。

"树林游戏"只是个模拟，但人们会联想到复活节岛上树林的离奇消亡。在几个世纪中,太平洋上这个树木繁茂的岛屿孕育了文明。但随着人口的增加,岛上的居民开始砍伐树木,来获得更多的土地和木材。到公元800年,他们砍伐树木的速度已经超过了树木再生的速度。到了16世纪,树林已经消失殆尽,很多居民赖以为食的物种也消失了,饥荒和食人现象随处可见。到了19世纪末,97%的居民死去了,或是离开了这片不毛之地。

从那时开始,很多人都觉得奇怪,当复活节岛上的居民砍伐森林和瓦解社会时,他们到底在想些什么?他们难道不知道这么做的最终结果是什么吗?我们无法相信人类会如此鼠目寸光。其实,我们不该这么自信。人类的天性就是关注眼前利益。对每个社会成员来说,为了避免未来的灾祸而改变这种天性,是个很高的要求。改变不仅需要我们的关注,更需要我们为此做些什么。在"树林游戏"这项研究中,所有的队员都认为合作是有价值的,也希望能获得长期的收益。那些自控力耗尽的玩家只是没能按这样的价值观行事而已。

牵头开展这项研究的心理学家指出,那些自控力耗尽的人不能被委以重任,不能让他们为整个社会作出决定。这个说法令人不安,因为我们知道自控力很容易被耗尽,而日常生活中又有太多的琐事需要耗费自控力来做决定。如果我们被购买杂货、处理同事关系这样的琐事耗尽自控力,就无法解决像经济增长、医疗保障、人权保障、气候变化这样的国内或国际危机。

作为个体,我们可以用一些方法来增强自控力,这对我们的个人生活来说意义重大。而对一个国家来说,增加其有限的自控力就更需要技巧了。我们不希望一个国家增加自控力只是为了满足人们的需求,而是希望它尽可能不使用自控力,至少得减少作正确决策时需要的自控力。行为经济学家理查德·泰勒和法律学者卡斯·桑斯特提出了一个令人信服的"选择架构"。它能让人们根据自己的价值和目标,更加轻松地作出决定。比如,在更新驾照和登记投票的时候,让人们签署器官捐赠协议;或是让医疗保险公司主动为顾客安排年度体检。这些都是人们想做的事,但很多迫在眉睫的需求分散了他们的注意力,这才导致了拖延。

　　零售商已经在用"选择架构"影响你购买商品了,尽管他们这么做通常是为了获利,而不是其他高尚的目标。如果有足够的驱动力,商店就会更加大肆宣传健康环保的商品,就不会在结账区域放置太多刺激购买欲的商品,比如糖果和八卦杂志,而是利用这些空间出售牙线、安全套或新鲜水果。这种简单的商品放置会大大提升人们购物的健康程度。

　　"选择架构"的目的是引导人们的抉择,但这本身就是一个备受争议的命题。有些人认为,它限制了个体的自由或是忽视了个人的责任。但是,能够自由选择的人往往选择了与自己长期利益不符的东西。针对自控力极限的研究表明,这并不是因为我们生来就不够理智,或是因为我们有意识地享受当下、不顾未来。实际上,我们只是太疲乏了,无力抵抗最糟的冲动。

## 魔力悄悄话

　　当一个人的内心被消极情感占据时,很容易沉浸于自己的情绪当中,并想当然地以为这些消极情感是外面的事件引起的,要清除这些消极情感,就必须让外面的事件消失。实际上,这样的认识刚好是本末倒置。

# 第四章
## 最大程度地激发能力

在青少年中，很多人认为自我控制就是自我压抑；自控力，就是压抑自己的能力；自控力越强的人，对自我的压抑就越厉害。

其实，这是一个莫大的错误！自控力不但不会压抑自己，反而还会最大程度发挥出自己的能力。因为自控力的作用是帮助我们理顺内心，使内心变得镇定而自信。镇定和自信能激活大脑，赋予我们智慧和勇气。一个人只有解决了自己内部的问题，才有能力去解决外部面临的问题。

# 一、平静出智慧

米娜因为自控力的原因而有所收获,她把自己的改变和改变的原因迫不及待地告诉身边的一些好朋友。她的这些朋友,并没有都听她的一面之词。但还是有些人,可能是因为自身原因,或是深感自己陷入困境,很快联系上了米娜。

罗柏·凯恩,就是其中一位,他是米娜多年的好朋友。

凯恩是一位警察,不久前,刚刚担任波士顿一个警察局的副局长。

罗柏·凯恩是一个十分忙碌的人,但副局长的位置就像一个瓶颈一样将他卡在了那里,让他心力交瘁。很多人都是这样,没有权力时拼命想获得权力;获得权力后拼命想保住权力,或者希望拥有更大的权力。于是他们的内心便会出现焦虑、担心和烦躁等情绪,这不仅严重地影响了他们能力的发挥和工作效率,而且也让他们的权力宝座岌岌可危。

他们第一次见面的时候,凯恩就抱怨:"米娜,我需要做的事情太多了,我快要崩溃了!"他甚全开玩笑地说:"我现在恐怕只能做好吃饭和睡觉两件事,再多一件也不行,更别说是在警察局当那个领导了。"

那一刻,能从他的语气和神情中感受到他的疲惫、无助,甚至是绝望。米娜很清楚,如果此时对他说一些"生活是美好的"或"一切都会过去"等观念,他一定会认为米娜一点也不了解他当时的真实心理,一定会很失望。

看得出,凯恩也是一个很有能力的人,他面临的问题是自己束缚住了自己的能力。从跟他的谈话中,米娜了解到凯恩急于想获得别人的认可和肯定。怀着这样的心理,他整天忙忙碌碌。但谁知,他越是忙碌,内心就越急躁;内心越急躁,就越无法发挥出自己的能力。

像凯恩这样的人,整个生活完全处在失控状态,并且深感无从下手。

当他们不能主动发现问题,生活便全是问题。

我不能和他们一样,急着解决问题,因为我手中并没有能帮他们一下子解决所有问题的万能钥匙。我要做的工作只能是让他们自己去发现问题,毕竟所有解决问题的答案都在他们自己的心中。

"现在,最让你头疼的是什么事?"我问。

"压力越来越大,我的身体快扛不住了,这是让我最头疼的。"凯恩回答。

紧张忙碌、焦虑不安、工作中的纠葛此起彼伏,时间久了,会让一个人感到难以承受,导致身体状况不断恶化,这再正常不过了。

"不瞒您说,我根本没有时间锻炼身体。我甚至都没法安下心来做饭、吃饭,只能随手买些快餐。我整天太忙了,总是睡不好。各种压力让我濒临崩溃!"凯恩越说越激动。

生活中,谁能没有压力呢?谁是时间充裕的闲人呢?可是,我们不应该把压力一直放在心底,这会使压力越积越多,越积越大。当一个人以"太忙"或"没时间"为由,回避一些必须面对和必须要解决的问题时,整个人差不多也就快失控了。

"我现在情绪越来越不稳定,遇事经常发火,事后会长时间抑郁,同时又会因为自己做错事而悲从中来。我想,我是不是一个缺乏能力的人,根本就不胜任警察局副局长的职位?"凯恩眼睛盯着我问道。

我思考了一会儿,然后两眼直视着凯恩,问道:"凯恩,你看过电视节目《狗语者》吗?"凯恩点了点头。

"那你一定记得主持人西泽尔·米兰说过的一句话:对付疯狂的狗,你必须要冷静而自信!"

"是的,我记得他说过这句话,但那是对付疯狗的,与我的情况有什么关系呢?"凯恩有些莫名其妙。

我对凯恩说:"现在,难道你不觉得自己的生活和工作就像一条疯狗一样不受控制吗?对付疯狗,我们要展现出自己的冷静和自信,同样,处理失控的工作和生活,我们也要展现冷静和自信。假设你的办公桌或者电脑硬盘上有一大堆急活等待处理,你所要做的就是避免因为这些急活的存在而急躁、愤怒,包括你对上司或下属的不满,对未来感到的恐惧,或者因自己让眼前情况变糟而产生的自责。首先,你必须要让自己振作起来,准备好运用你的认知资源——然后再尝试去解决堆在你面前的工作,就像西泽尔驯服不听话的狗一样,冷静而自信。有条不紊、高效率的人无不承认自己情感的存在,但他们不会任由自己受情感的摆布,而是可以把烦躁和愤怒先放在一旁,集中精神应对手头的工作。你越是能克服自己心中的烦躁,就越能快速完成工作,并且感觉也会越好。就像西泽尔说的,需要冷静而自信,你才可能施展出自己的能力,拥有控制权。"

"冷静? 自信? 最终拥有控制权? 这话说得太好了。你的意思是说,我现在的生活就像是一条疯狂的狗,只要我能像西泽尔训狗那样,以冷静自信的态度去对待自己失控的工作和生活,就可以重新掌控它们。"

"是的,要想控制局面,先要控制住自己的情绪。当一个人被急躁和焦虑的情绪笼罩时,就很难做出周到的考虑,很难发挥出自己的能力,很难拥有高效率。这时,有自控力的人会先让自己镇定下来,平息内心的烦躁和焦虑。"

**魔力悄悄话**

陷于消极情感的人,对自己的评价会很低,认为自己无能,并逐渐丧失生活的权力。这时,特别需要别人的建议和引导,否则,掌控自己的情感将是一件很大的难事。

# 二、能力来自内心

"那么，我该怎么办？如何才能让我的内心平静下来，让我的能力提升上去呢？"凯恩不停地问我。

"你觉得自己有能力解决眼前的问题吗？"我回应道。

"如果你几个月之前问我，我会很肯定地对你说'我能'。现在，我不得不承认'我不能'。不怕你笑话，如果我能自己解决，我也就用不着来找您了。"说罢，凯恩又低下头来。

"既然如此，你愿意在内心做减法吗？"我问。

"做减法？什么意思？就是少做点事吗？"凯恩用右手摸了一下下巴，脸上的肉像女孩用来扎头发的橡皮筋一样，一下子紧了起来。

说实话，我经常遇到类似凯恩这样的情况。当人处于失控的状态时，一个最明显的特征是无法停下来。

这时，他们的头脑里仿佛警笛长鸣，会有一个声音要他赶快停下来，但他们又不愿意停下来，也不知道该怎么停下来。

怎样才能从即将崩溃的状态中解脱出来，重新掌控自己的生活呢？这确实是个问题。当一个人感到压力很大，不堪重负的时候，最明智的方法就是在心理上做减法。

我们总是渴望自己能做很多事，我们也会认为自己有能力做好很多事情。

但如果有一天我们开始怀疑自己的能力，并且做不好事情的时候，或者能力受到威胁的时候，必须警醒起来，并从自己的内部去找原因。

在警察局，凯恩负责调查服务局的工作，随时都需要面对各种各样的突发情况:接连不断的报案、新闻媒体的追踪、紧急案情的应对等,有些时候,应对这些突发情况关系到人的生死。

"现在,我需要同时面对几件事情,很容易就会乱了方寸。"他说。

"你认为自己的能力在一点点丧失吗?"我问。

"是的。"凯恩说。

当一个人负责的事务越多,在一般人看来,这个人的能力就越强。不仅如此,任何一个正常一点的人,在职务提升或被授予某种荣誉之后,自然而然会觉得自身的能力得到了别人的认可,并下意识地认为自己是一个有能力的人。

任何一个身处领导岗位的人,最害怕的就是别人怀疑他的能力。不过,与其说是害怕别人怀疑他的能力,还不如说是害怕自己丢掉手中的工作。作为警察局的副局长,凯恩不可能不在意自己的工作。在通向"副局长"的道路上,他一次次施展能力,他的能力也一次次得到周围人的肯定。然而,现在他的能力受到了质疑,工作自然也就受到了威胁。

我并没有问凯恩"你认为自己的工作正在受到威胁吗"这样愚蠢的问题,因为这会触动他那根敏感的神经,让他产生逃避的心理。我先从他力不从心这一点入手。

"什么事情让你意识到自己的能力不足?"我问。

"我经常陷入一些事情中,难以自拔,导致很多重要的事情被耽误下来,总觉得自己心有余而力不足。"他说。

除了担任警察局副局长,负责调查服务局之外,凯恩还负责法律劳工处的工作。他要代表警察局举行听证会和民事诉讼,宣传有关警务的法律知识;解决劳资关系问题;联络契约组织;解决劳务关系中不平等现象;代表警察局出席调解、仲裁会议和劳资谈判等。

对于每件具体的事情,他知道该如何行动,他也知道在行动前该如何思考。

"我会试图想象自己在遇到不同的情况时有哪些解决方案可供选择,并且快速判断这是不是我曾经遇到过的情况。"他说道,"但是,一下子面对所有事情,我有时会手足无措。"

通过与凯恩的交谈,我知道他的问题主要是无法分清事情的轻重缓急,不知道哪些事情该优先处理,哪些事情该稍后处理,哪些事情可以不处理。

那么,他的问题是什么导致的呢?最大的一个原因是他的心太满了。这就像一台电脑,储存的文件太多了,就会搞乱程序。

这里所说的心太满,不是指凯恩的工作太多了,很多人比凯恩处理的工作更多,却依然能够游刃有余。

心太满,是指凯恩想得太多了,他的内心储存了太多的焦虑和烦躁,这些东西挤占了他内心的空间,使他无法正常运转,无法发挥出自己的能力。我建议他在内心做减法,就是要去除挤占他内心的这些垃圾文件。

那么我给他的建议是:

首先,每周几次抽出一点点时间,反思你生活中有哪些值得高兴和感激的好东西。这听起来或许有点老套,但是的确可以帮助你从更加积极的视角看世界。

接下来,重新定义你想做一个什么样的人——是在压力下濒临崩溃,还是镇定而自信,放松而安详?有没有人是你心中的榜样?你会怎么描述那个人?

最后,重新安排生活的优先级次序,把照顾自己的健康作为第一要务,这就像重新给电脑安装程序一样,可以让你精力更充沛,内心更加均衡而镇定,更容易做到你想做的事情。

"按照你的建议去做,真的会变好吗?"他问。

"会好,但你一定要明白我这些建议的核心,都是想让你在内心做减法。如果你在内心做减法,你对外的能力就会是加法,甚至是乘法。就像一句中国名言说的那样——心的欲望要小,人的智慧才能变大。"

按照我的建议,过了不到三个月的时间,凯恩就像变了一个人似的,重新充满了活力。

他不仅充分地发挥出了自己的能力,得到了警察局的认可和肯定,而且也牢牢地巩固了自己的地位。他对我说:"看来要解决一个人的能力问题,先要解决他的心理问题!"

我微笑着点了点头。

**魔力悄悄话**

让一个人烦躁的原因有二:外部来源是我们所处的这个纷纷扰扰的世界,内部来源是我们自己的内心世界。有时,我们能够意识到自己心中的一部分烦躁,另一部分则存在于潜意识之中,并不容易察觉。

# 三、自控力激发能力

毫无疑问,凯恩是一个有能力的人,只不过他缺乏自控力,无法理顺内心,所以无法将自己的能力发挥出来,这种现象就像乌云遮住了太阳。而自控力的作用就是能拨云见日,最大程度释放出你的能力。

罗柏·史莫林是一位住在康涅狄格州的人。他一直在荷兰国际集团身居要职。该集团总部设在阿姆斯特丹,是全世界最大的保险与金融企业之一。史莫林领导的部门负责美国的退休金项目,他手下的员工多达2500名,为全美近550万名个人消费者和近5万家组织机构提供服务。该部门的业务总额高达3000亿美元,超过了很多国家的国内生产总值。

这么多的钱全都要他来负责管理,这需要他有超越常人的能力。那么,他是如何获得这种能力的呢? 史莫林说:"其实,每个人都有能力,关键要看他能不能发挥出自己的能力。如果说我有什么秘密的话,那就是我始终都能掌控自己的内心,始终都能满怀激情地将精力投入到工作之中。"

史莫林的工作日有一半左右都在出差,不管工作多么忙碌,他始终都能很好地控制自己的情绪,冷静做出各种各样的决定。他知道自己每天做出的决定都涉及成百上千万美元的金额——其中包括了很多人毕生的积蓄和退休金。"荷兰国际集团的业务非常重要,我必须精力充沛,拥有激情。"史莫林如是说。

他曾有一次跟一名同事一起到新英格兰出差一整天,这名同事在邮件中盛赞他面对各种繁忙的事务,表现出来的应对自如的能力:

早晨:马萨诸塞州昆西,访问公司一处主要办公地点。

上午:乘车返回哈特福德区域,其间接受一家业界重要出版物的电话采访。

中午:到达布鲁姆菲尔德的高尔夫球场,参加一场由荷兰国际集团赞助的锦标赛,夺得长打冠军!

傍晚:比赛夺冠之后,他在会议室向公众发表讲话,讲述荷兰国际集团对社区建设的投入,以及作为一家优秀企业的公民角色。

晚上:收发邮件。

在这忙乱的一天当中,史莫林所做的每一件事,都井井有条,紧张而有序。他之所以能如此,完全取决于自己拥有强大的自控力。也就是说,由于他很好地控制住了自己的内心,没有因忙碌而烦躁,没有因疲惫而焦虑,所以,他才能在工作中游刃有余地施展出自己的才华。

由于史莫林出色地表现了自己的自控力,所以,他的能力也随之变强。前不久,美国康涅狄格州州长达奈尔·马洛伊亲自任命他为该州的副州长。这一职位对他的能力提出了更高的要求。要是换作别人,一定会用很长的时间来调整和适应,不过,由于史莫林有很强的自控力,所以,接受任命不到一星期,他便适应了工作,带着激情投入了全新的角色。

“自从我成为副州长以后,自控力就显得更加重要了!”史莫林说。

他目前的任务包括为康涅狄格州创造更多的工作岗位,吸引更多的商业投资。

“我比以往任何时候都需要合理的时间管理。”他说。

有趣的是,史莫林并不会把要做的事情列成清单,尽管这在自控力较强的人们中间十分常见。他最有价值的资源是他的大脑。“我会利用思考和回忆的时间想想自己已经做了什么,还需要做什么。”他说。他还学会了暂时把没做完的事情放在一边,过一段时间再回过头来继续。这些事情可能很复杂,需要他跟各色人等打交道。像所有人一样,他有时也会感到烦躁或是动怒,不过他知道该怎么应对这些情感。“最好先等等,等到你可以平心静气说话的时候。”他说,“我会把这件事先搁置一两天,让自己重新镇定下来。”

不难看出,他的这一做法,非常符合自控力法则的第三步“及时刹车”。所谓“及时刹车”,就是阻断某种错误的想法或者行为。而更有意思的是,他的另一些做法又非常符合自控力法则的第四步“转变模式”。所谓“转变模式"，就是在集中注意力的基础上，保持思维的灵活性，可以随时从一项任务跳转到另一项任务，不会因此而错乱。也就是说，当他打高尔夫球时，就一心一意地打球，而不想别的事情；当他接受采访时，就集中注意力接受采访，而不去想高尔夫的事情。所以，"转变模式"不是三心二意，不是一心多用，不是同时去做几件事情，而是一次只做一件事情，并快速地进行切换，从一项任务跳转到另一项任务。

史莫林在总结自己的经验时说："我几乎每天都需要临时打断手头的事情，去关注别的事情。许多事情是你不能忽略的，并且处理起来必须要灵活应变。尽管许多人赞赏我有'同时处理多项任务'的能力，但我自己并不这样认为。我想这是别人对我的误解。"

史莫林说："我总是尽量避免同时处理多项任务。相反，如果我能专心致志地做好眼前的事情，效率会比三心二意、同时处理好几件事情要高得多。如果我试图同时为几件事情分散精力，最后往往一件都完不成。"

从史莫林的总结中，我们可以看出，史莫林之所以能走到这一步，并不是因为他天赋异禀和才华出众，最重要的是，他有很强的自控力，始终能掌控自己的内心。

首先，他能集中注意力，以极大的热情投入到自己的工作中，不会分心走神。

其次，他能掌控自己的注意力，而不会被注意力掌控。当需要把注意力投入到荷兰国际集团时，他就能把注意力投放在那里，而不是别处；当需要把注意力投入到副州长的工作中时，他就能把注意力聚集在那里。

当然，史莫林并不是一个没有生活情趣的工作狂，尽管他的工作十分繁忙，他也可以充分享受生活。他说："我有时喜欢在上班路上到星巴克喝一杯咖啡。一旦走进办公室，我便会把全部注意力集中在工作上。"随心所欲地控制自己的注意力，需要关注什么就关注什么——这正是一个人有自控力的表现之一。

作为哈佛大学毕业的高才生，当有人问史莫林他的这种能力是不是从哈佛学到的时候，他毫不犹豫地回答道："这种能力跟我的教育背景完全没有关系，我并不是在哈佛或者别的什么地方学到这一切的。"他说，"自控力也不需要某种特别高深的教育背景,我掌控内心的方法,别人完全可以学会。"

总之,有自控力的人一个最显著的特点,就是能够掌控自己的情绪,并通过掌控情绪来掌控自己的注意力,使自己总是能够在恰当的时候做恰当的事情。史莫林就是这样,他清楚自己在什么时候该做什么事,在什么时候不该做什么事,以及如何做。相反,那些缺乏自控力的人却往往控制不住自己的情绪,不能及时刹车,他们总是带着情绪做决定,在该撤退的时候冲锋,在该冲锋的时候撤退。

**魔力悄悄话**

你越了解自己的镇定与烦躁模式,就会越擅长消除或者减少烦躁的来源,控制你自己对外部和内心烦躁的反应,引导你自己进入镇定状态。当你能够控制烦躁的时候,就可以定义自己理想的镇定状态了。

# 四、人在掌控中逐渐强大

在城市中生活,我们都会坐公交或乘地铁,如果正逢早晨上班时间,拥挤几乎是免不了的。正如我们经常见到的那样,候车的地方早早排起了长龙,个个翘首以盼。好不容易等来一趟车,车门一开,便有人往车上挤。个别人的动作幅度很大,不小心踩了别人一下,或者把前面的人挤下来。于是,他们之间很可能会发生一场口水战,甚至大打出手。再往下发展,还有可能出现的情况是,其中一位当事人,到了目的地之后,发现自己把随身物丢在车上了。那么,他(她)这一天心情还会好吗? 是否能把这一天的任务安排好? 他(她)或许会对自己说:"要是从家里早出来几分钟不碰上那个家伙就好了""其实完全没必要和那个家伙较真""为什么我总是控制不住自己"……可以肯定,他(她)这一天都会在抱怨、后悔和郁闷中度过。更有甚者,有的人还会因为这些不愉快的小事而做出非理性的决定,使自己的人生出现偏离。

我们的生活很大程度上是由很多细节构成的,无论哪个环节出了问题,都可能对整体造成很大影响。所以,我们必须要有自控力。

人生很颠簸,每个人都会遇到各种各样的麻烦和问题,但为什么一些人可以承受更大的挫折和压力,而另一些人则不堪生活和工作中的小小一击,变得十分平庸呢?

生活是一团麻,你乱,它更乱。要想理顺外面的世界,必须先理顺自己的内心。而自控力的最大作用和功效,就是能帮助我们理顺内心。

有些人不清楚自我控制的目的和意义。他们认为难道自我控制就是为了过上超高效率的生活,永远不会错过约定时间? 难道自我控制就是为了每一刻钟都过得有价值,永远不浪费时间? 难道自我控制就是为了把家庭整理得井井有条,然后准确地找到车钥匙?

当然,这些都是自我控制所能达到的目标,但远远不是最根本的目标,

自我控制和理顺内心的真正目的,是为了看清更广阔的图景,根据它来采取行动,在更高的层次上,掌控自己学习和生活,实现自己的价值,并帮助别人实现他们的价值。想想看,在学习和生活的重要领域方面,如果我们缺乏自控力,总是不停地分心走神,那么,我们就会错过良好的机会,做出糟糕的计划和选择。

我们必须承认,在日常学习和生活中,有很多因素都在干扰着我们,诱惑着我们,把我们往错误的方向上引。有了自控力,我们就能够应对各种各样的干扰,接纳、处理和掌握生活中的混乱。或许我们没法改变学习的压力越来越大,生活的节奏越来越强的事实,但是我们却可以控制自己对这种事情的反应,不会让这些问题扰乱内心,也不会让学习和生活因此失去控制。相反,我们还会从这些麻烦中吸取教训,磨砺自己,以便将来更好地应对大大小小的危机。所以,自控力能帮助我们接纳麻烦和挫折,处理外面世界的混乱,承担它们带来的影响,并且让它们中的一些——不是所有,但至少是一些——不会再次发生。我们这样做的时候不会发脾气,不会把情况弄得更糟,不会让我们自己陷入更加深重的混乱当中。

与此同时,自控力还有一个最根本的作用,就是能够让我们弄清楚自己是谁,从哪里来,要到哪里去。一旦我们弄懂了这些,明白自己的优点和缺点,就会变得强大起来。从根本上说,强大的人之所以强大,是因为他们知道自己在某些方面弱小;而弱小的人之所以弱小,是因为他们还不知道自己在哪些方面强大。

同一个人在不同的领域会表现出不同的能力。乔布斯是一个强大的人,他的强大是因为他知道自己在某些方面很弱小。正因如此,他才没有去当作家,没有去好莱坞当演员,而是在属于自己的领域创造了辉煌。电影大师斯皮尔伯格在解决如何拍出一部好看的好莱坞大片的问题方面,比物理学家爱因斯坦要擅长得多,但在涉及理论物理时,则远不如后者擅长。没有人能拥有一切,搞定一切,也没有人能够在所有领域获得成功。所以,这就更需要我们掌控好自己的内心,知道自己是谁,从哪里来,要到哪

里去。

很多人错误地认为，自我控制就是自我压抑，提升自控力的过程就是压抑自己的过程。人们之所以容易犯这样的错误，是因为他们忘记了自控力的起点和核心。米娜提升自控力的起点和核心，是她内心最深处的渴望。相反，如果自控力的起点和核心不是建立在人们心中最深处的渴望之上，而是被一种外力所裹挟和驱赶，那么，这种自我控制的确就变成了自我压抑。

自我压抑之所以可怕，是因为它压抑了最真实的自我，强迫我们去走一条并不属于我们自己的道路。

自控力之所以能使我们强大，是因为它以最真实的自我为起点，以自己最钟爱的事情为核心，一步一步去拓展自己，最大程度去实现自己的价值。

在这个世界上，最幸福的人是做自己的人，最痛苦的人是做别人的人。而要做自己，我们首先就要寻找到自己真正热爱的东西。

芝加哥大学心理学教授米哈利·齐森米西曾讲述了一个故事。一位患有重度精神分裂症的女子在医院接受治疗。医生们尝试了多种治疗手段，都没能让她的病情好转，他们向齐森米西教授请教。齐森米西教授对主治医师说："精神分裂是大脑一种严重的混乱和无序，只有找到她内心深爱的东西，慢慢理顺她的大脑，才能使她康复。"

主治医师仔细观察病人在进行哪些活动时最有动力、最为投入、感觉最好。他对她一整天的情绪变化进行了测量，发现她最钟爱、最感兴趣的事情是修剪指甲，于是就安排她接受美甲培训，并让她在医院里给别的患者修剪指甲。不久，令人惊奇的事情发生了，医生发现她曾经混乱不堪的大脑内部开始变得有序起来。再后来，她彻底康复出院，并成为芝加哥地区很有名的美甲师。

这个引人深思的例子说明，爱是一种最伟大的力量，它能理顺我们的大脑和内心，促使我们的心智走向成熟。做自己钟爱的事情不仅能让我们感到幸福，而且还能激发我们的潜能，实现自己的价值。

乔布斯说："我非常幸运，因为我在很早的时候就找到了我钟爱的东西——有些时候,生活会拿起一块砖头向你的脑袋上猛拍一下。不要失去信心。我很清楚唯一使我一直走下去的,就是我做的事情令我无比钟爱。你需要去找到你所爱的东西。对于工作是如此,对于其他也是如此。如果你现在还没有找到,那么继续找,不要停下来,全心全意地去找,当你找到的时候你就会知道的。"

**魔力悄悄话**

我们一定要牢记,自控力的目的不是压抑自己,穿别人的鞋,走别人的路,而是以自己钟爱的方式为起点和核心,不怕风雨,不畏艰险,坚定不移走自己的路。唯有如此,你才能在掌控内心的过程中,逐渐变得强大起来,最终掌控自己的命运。

# 第五章
## 自控要听从内心召唤

自控力是控制自己的能力。然而,要控制自己,必须首先找到自己,清楚自己是谁,从哪里来,要到哪里去。如果我们找不到自己,所谓的"自控",就会变成"他控"。"他控"实际上是一种压抑,是对最真实的自我一种无情的摧残。

所以,自控力法则的基础,是寻找到最真实的自己。它的起点和核心是遵从内心最深处的渴望,听从内心最深处的声音。唯有如此,我们才不会被外面的力量裹挟,被喧嚣嘈杂的声音干扰,才能牢牢掌控自己的方向。如若不然,人就会像一张纸片,被生活的风雨吹来吹去,完全丧失掌控自己命运的方向。

# 一、人要处乱不惊

最后一次见到米娜，是一个礼拜五。跟之前不同，这次她是与另外两个人一起来的。和米娜一起来的，是一对母子，母亲叫琼斯，儿子叫威廉。琼斯是米娜的闺蜜，她们几乎无话不说，彼此有什么烦恼和心事，都会煲上很长时间的电话粥。琼斯最近发现，米娜变化很大，最明显的，就是好些天听不到米娜在电话里诉苦，不再抱怨自己日子过得颠三倒四。事实上，米娜过去之所以总是向她诉苦，很重要的一个原因是她们生活都很混乱，双方是同病相怜。

琼斯这些天发现米娜总是乐呵呵的，不仅能力和工作效率迅速提高，而且还一副轻松自在的样子，于是心生好奇。经过了解，知道了原委。琼斯便催着米娜带她和孩子来找我。

所以，这次是米娜陪着他们母子来的。

这些情况是米娜在电话里告诉我的，同时还定下了我们约见的时间。

他们在我对面坐下来之后，我粗略打量了一下这对母子，琼斯眼神中充满了期待，威廉则是呆呆的。

"哈哈，这回没有迟到，比约定时间整整早了 15 分钟。"米娜有些得意，笑嘻嘻地说。

"嗯，恭喜你进步了。"我附和了一句。

"您好，我这次是慕名而来。怎么说呢，反正是听了米娜对您的介绍之后，我就再也忍不住要来看您了。"琼斯说这话的时候有些激动。

"谢谢你的厚爱，米娜在电话里介绍了你的情况，不过我还是要听你说一下具体是怎样的。"我想尽快把谈话引入正题。

"哦，是这样的。我是一名时间观念很强的人，但近段时间老出问题。"

琼斯一边说,一边叹气。

"出什么问题了呢?"我问。

"我每天有很多事要提前安排,所以上班时间要比别人早一些,最近却经常误点,甚至是迟到。结果,整个单位都受到了我的影响,这让我感到很羞愧和不安。"琼斯说话的声音有点颤抖。

"不会也是因为找不到车钥匙吧?"我问。

"那倒不是,我最近乘地铁上班。我的问题是早晨起不来,还有就是乘地铁的时候经常坐错方向,有时车开出去几站后我才反应过来。"她先是无可奈何地摇了摇头,说完,又把头低了下去。

"是因为工作太繁重吗?"我继续问。

"也不是,我的工作没多大变化,几个月前很少出现这种情况。"琼斯很肯定地回答。

"那么,最近你自己或者家里发生了什么事吗?"我问。

这时,琼斯用手揉了一下自己的鼻子,眼角看上去有些湿润,提到这些,她的心情显然是很难过。

"是的,确实有事发生。三个月前,我丈夫出了一场车祸,现在还躺在医院里。"说到这里,琼斯的声音有些局促,甚至有点哽咽,"本来这件事就足以把我原来的生活扰乱了,不料我儿子又沾染上了网瘾,现在搞得我是焦头烂额,心力交瘁。你要知道,威廉今年才13岁。现在老师时不时打电话给我,说他经常逃学。晚上回家,就玩电脑游戏,有时深夜还会起床偷玩。如果他爸爸没有住院,我们应该可以想出办法阻止他,我一个人真的顾不过来。事实上,他之前不是这个样子的,大概是他爸爸住院也影响到了他。"

我看出来了,琼斯正处在极度混乱的时候,整个生活和工作都有些失控。她很清楚是什么让她自己和她的家庭变成现在这个样子,她目前只是苦于无法改变现状。

听到这里,我不免想到,如果生活中只有出门找不着钥匙这样让人头疼的事就好了,我不用多说什么,她也不会如此束手无策。

人生充满了挫折,五花八门的困难层出不穷,各种各样的打击接连不断,让人应接不暇。正因为是这样,很多人才会整日徘徊在懊悔、郁闷和痛苦中,处于一种自我失控状态。

听琼斯说得越多,我越觉得问题很棘手。她和米娜的情况不同,"火箭发射台"可以帮助米娜,但帮不了琼斯,因为她躺在医院的丈夫就是一个"火箭发射台",只不过这是负面的,是扰乱她生活让她整日陷于悲痛的根源,每唤起一次就会伤心一次,每一次唤起,对她的自控力都是一次考验和冲击。

"我的情况是不是很严重?"琼斯似乎预感到了些什么。

"没有想象的那么糟,当然了,一切还是要靠你自己。"我回答。

"我该做些什么呢? 我这种情况需要多久才能好转?"琼斯迫不及待地问。

我告诉琼斯,越是在遭遇人生打击、混乱不堪的时候,你越是要听从内心深处的声音。

当生活中的疾风暴雨疯狂地席卷而来之际,你要做的事情是紧紧抓住自己的根。那么,我们的根在哪里呢? 根就在你的心中。

## 魔力悄悄话

如果你发现自己的烦躁水平跟内心世界和周围环境的情况不成比例,那么你或许是受到了某些潜在的内心创伤和情感模式影响。你或许觉得无论如何都理解不了自己的感觉,有许多种心理辅助手段都可以帮助你接触、理解、承认、处理、治疗和抛开这些情感创伤,只要你愿意寻求帮助,就可以找到最适合你的手段。

# 二、人要掌控好自己的人生

如何才能从困扰你的危机中解脱出来呢？

当挫折和困难搅乱了我们内心的时候，也是我们最需要重新认识自己的时候。这时，我们要回归内心，扪心自问："究竟什么东西是自己最钟爱的？什么东西是我们生命中真正重要的？而什么东西又不那么重要？"如果我们始终能够听从自己内心深处的声音，就能掌控住人生的方向，不会被生活的狂风吹来吹去。

我问琼斯，在她的生活中，是否觉得有什么非常重要的东西，同时，因为生活混乱无序、难以集中注意力、容易分心走神以及对各种各样的刺激和讯息穷于应付而让这一重要的东西受到威胁？

我提醒她，我所说的重要的东西，不是指别人眼里的，例如一副昂贵的太阳镜，一款称心如意的手机……而是某种她自己真正觉得重要的东西。也就是说，这种东西一旦受到威胁，哪怕是一点点的动摇，都会给她造成相当大的压力，以至于影响了她的健康，妨碍了她在工作中的表现，干扰了她的家庭生活，让她在学习、事业和生活中举步维艰。一句话，就是她学习、生活和工作中最核心的东西。

琼斯想了想，很肯定地告诉我："除了我的丈夫和儿子，我的生命里没什么更重要的东西了。"

没错，我就要她说出这样的答案。其实不用问，我也能猜到，我问的目的是为了强化她自己的认识，也是为了让她义无反顾地在大脑中建立一个链接：这才是她生命的核心。她应该把自己的一切生活和工作都建立在这个基础上。

"你想过上怎样的生活？你的人生目标是什么？"我问。

琼斯并没有怎么多想,"我想要的生活就是和丈夫和孩子在一起,享受每一天。如果你一定要问我人生的目标,这就是我的目标。"

她的回答符合我的预期,我觉得这是她目前的真实心理。更重要的是,通过这些自我反思,她找到了最真实的自己,发现了内心深处最强烈的渴望,而这些正是她建立自控力的牢固基石。

人一定要有自己的人生目的,不能像无根的浮萍,在水面上风吹雨打、漂泊无定。

激发一个人的自控力,最好的方式就是把当下跟更高层次上的生活和人生目的紧密联系起来,因为这样更能帮助一个人尽快过上想要的生活,实现一个人的价值。

一个人之所以会痛苦,多少和人生目的不能实现是相关的,痛苦越大,与人生的目的联系就越紧密。以此类推,愉快和幸福也是一样。

要改变琼斯的状态,先要调动她改变的动力。这种动力只有来自内部,才能够更强大、更持久。作为人类,我们天生喜欢拥有控制权,抗拒由别人造成的转变。这一倾向很早就会表现出来——婴儿会通过拒绝吃某种食物的行为,试图建立对自己生活的控制权。当父母步入老年,拒绝听取孩子的建议时,这种倾向又一次达到了巅峰。

我一直小心翼翼,想方设法从内心来激发人们改变的动力,而不是从外面强加于人。就像对待米娜那样。一个人要做出改变,内心的动力一定要强大,如果你的朋友给你买了这本书,希望你不再自暴自弃,或是情绪漂泊不定,这种动力显然不足以令你发生改变。

我给琼斯提出的建议是,让她展望自己的未来,例如:如果你能更好地克服自己心中的烦躁,有意识地把注意力集中在跟孩子的对话上,那你就能改善自己跟孩子的关系,让孩子戒掉网瘾。

如果你不受周围环境中无关信息的干扰,那你就能更好地照顾好住院的丈夫,让丈夫提前出院。

如果你能从孩子和丈夫对你的负面影响中抽身出来,那你就能发挥出更强的创造力和判断力,把工作做得更好。

如果你能集中注意力,不分心走神,那你就能做更多的事情,由此带来的成就感能让你更加开心,更轻松地生活。

我给琼斯提供的这些对未来展望的建议,既是有针对性的,又是普遍适用的。对于任何一个人来说,主动做出改变都很难,这个决心很难下,不是说改变不好,而是因为改变之后不能确定效果如何。最最关键的是,我们常常不知道改变的动力来自哪里,也不知道从哪个环节开始改变。

在和琼斯交谈的过程中,琼斯告诉我,她最近情绪很差,老是冲孩子发脾气,每次去医院看完丈夫之后都很沮丧。我告诉她,当这种心态和情绪变成习惯之后,她会更加不知道怎么改变,渐渐地还会选择逃避,并形成恶性循环。

对于琼斯来说,是时候改变自己了!

我的建议就像是一个启动装置,而改变的动力却蕴藏在她的心中。这种动力就像火箭燃料——它燃烧得越旺盛,就越能推动她战胜各种障碍、打击、怀疑和阻力,牢牢地掌控住自己的方向,并不断拓展自己的人生。

## 魔力悄悄话

任何人在遇到困难和挫折的打击之后,都会变得郁闷、痛苦和悲伤,这些情绪注定会让人分心走神,使学习、生活、工作混乱不堪,效率低下。我们要做的应当是控制住自己的情绪不变得更坏。

# 三、内心有序，生活才有序

"谢谢您给我的建议，我现在比之前更有决心了。可是，我不知道过会儿之后，我的决心是不是会有变化。"听她说话的语气，还是有所顾虑。

"你为什么这样说呢?"我有点不太明白她想说什么。

"是这样的，我丈夫现在还住在医院里，我每天下班都要去医院看他，白天没有人在他身旁照顾，不能让他晚上也独自一人躺在病床上望着天花板发呆。我能想象得到，我的丈夫正在经受着怎样的煎熬，因此我每天下班之后，都是迫不及待地往医院赶。这样，问题就来了，当我第一时间去陪我丈夫的时候，我就顾不上放学回家的儿子，于是，只能任由他一个人想干啥干啥。我跟您直说了吧，我现在不能两头兼顾，这是最大的麻烦。所以，我并不是很有信心改变现状。"琼斯一脸无奈，她说出了一些实际困难。

"这样的问题，只要控制住自己的情绪，稍微多动一下脑筋，完全可以解决得很好。"我并不认为她遇到了什么难题，这从一个侧面也说明，她更需要自控力，让大脑发挥作用。"你可以带着儿子一起去医院，或者让儿子自己去医院，和你一起照顾自己的丈夫。这样做的好处显而易见，既避免了让你儿子一个人在家里上网玩游戏，也能让他与父母特别是与他爸爸多一点交流。"

"是啊，这个方法我怎么没想到呢，也许是我觉得儿子还小吧，或者是觉得让他去医院会添麻烦。真是谢谢您的好主意，这让我一下子轻松了很多。"琼斯稍稍露出了微笑，可很快脸又沉了下去，"说实话，我的苦恼并不只是这些。刚住院那会儿，照顾丈夫比现在要容易得多，那时因为伤得比较重，照顾得好与不好，他基本没什么反应。现在，随着病情一天天好转，他的脾气变得越来越坏，经常冲我发火。我也知道，他其实不是抱怨我照顾不周,更多是出于一种自责。但是每天让我面对一个很难伺候的病人,还要忍受苛责,并且不能表现出有丝毫不满,我真的很苦恼,我觉得自己好委屈。我一直反省自己什么地方做得不好,然后努力改进,但似乎根本不起作用。"

我知道琼斯说这些话的意思,当他面对生病的丈夫时,她有苦恼,她有委屈,又不能当场表露出来。她也一直在自己身上找问题,却永远找不到答案。结果,她在这个过程中体会到的只有苦恼和委屈,她的负面情感日积月累,她的生活也受此影响,过得颠三倒四,更要命的是,她对任何改变越来越失去了信心。

我告诉琼斯,树立信心的一种有效方法是充分运用自己的优势和才能。在一个人检省自己缺点的时候,很容易忘记自己在哪些方面具有优势。比如,尽管你的办公桌一塌糊涂,但你的厨房可能整理得井井有条。尽管你或许觉得自己注意力不够集中,应付不过来眼前的事情,但你可能非常擅长帮助同事们制订一份不错的计划。同理,用在她自己身上,尽管为丈夫做的饭菜不太合胃口,但是帮丈夫按摩能恰到好处……

在我们刚刚成年的时候,只有三分之一的人清楚自己在哪些方面具有优势。我们通常更擅长发现自己的缺陷。

无论你的优势在哪些方面,有一件事可以确定:你必然具有某些方面的优势、天赋和才能。这些东西可以帮助你在其他方面克服障碍,取得进步。

发挥自己的优势和才能,主要目的是培养积极情感。尽管消极情感并非一无是处,但如果你的思想和情绪被消极的内容所主导,那你就很难再积极起来。心理学的常识告诉我们,只有当你的积极情感与消极情感的比例达到或超过3:1时,你的大脑才能发挥出全部机能。换句话说,你需要让积极情感占据自己情感总量的四分之三,才能最大限度提高做事的成功率。

这里所谓的积极情感,并不是"摆出一副高兴的样子"这么简单的事情。要随时保持积极的情感状态是很困难的。有些日子里,你可能一整天都难以振作起来。

你必然会在有些时候遭遇挫折和逆境，这是不可避免的。事实上，如果你不遇到任何逆境的话，很可能无法做出持久的转变。正确的态度是，你应该试图把这些挑战视为良师益友，欢迎它们的到来，欣赏它们的价值，这样它们才能为你服务。

这里有一些"重塑"情感，即强化积极情感的方法。其中一种方法是跟你的过去达成和解。某一方面的消极情感（例如因为过去发生的某件事情而无法原谅自己或者别人）可能会像阴云一般笼罩你的生活，给原本灿烂的生活带来阴影。如果过去留下的消极情感刚好跟你打算转变的方面有关，跟它达成和解就尤为重要。如果你为自己过去的行为和表现感到羞耻或者尴尬，这些消极情感会大大阻碍你的转变过程。如果促使你翻开这本书的是某一件令你尴尬的、造成了损失的事情——无论是因为缺乏自控力而冷静不了自己，还是因为缺乏自控力而荒废了学习，或者是因失去自控力而失去了朋友——那你首先应该学会把这件事情抛在身后，把现在作为新的出发点。过去的事情已经过去了，现在你应该做的就是从中吸取教训，提升自控力，投入到未来的生活中，营造出新鲜、开放、积极的生活观，这样你才能在生活中争取到属于自己的东西。对于那些放不下自己过去曾经犯过的错误的人，可以尝试着朗读下面这段话：

"我为自己曾经犯下的错误而原谅自己。我不是完美的——没有人是完美的——但我在努力学习，努力提高。事实上，过去的经验是我最好的导师，我会善用从自己的错误中学到的教训。"

下面这些是最常见的各种积极情感，而且都是可以用心培养的：

· 对于改变带来的挑战充满好奇与兴趣。

· 从成功者身上寻找启示。

· 对任何东西心怀感激。

· 享受旅程上的片刻时光。

· 为自己做得很好的事情而自豪——即使只是很小的事情。

· 庆祝最初阶段取得的成功。因为你很容易太过重视消极的东西，而忽视了积极的东西。

· 让自己开心。生活中的积极转变可以是一件非常享受的事情。尽管你追求转变的理由可能非常严肃,但这并不会妨碍你在转变的过程中获得乐趣。事实上,这一过程本来就是有趣的。

我建议琼斯试着按照上面这几条去培养自己的积极情感,她很愉快地接受了。临走的时候,琼斯像是换了个人,笑嘻嘻地,不停地向我道谢:"你的建议太好了,为什么我以前一点也想不到呢?"

"那是因为你的内心无序,只要你理顺了自己的内心,你就能理顺人生。"

## 魔力悄悄话

现实中,你很可能认为自己的生活中充斥着太多的烦躁。然而,即使情况真的是这样,同时你也打算努力消除自己的烦躁,但你也应该记住,一定程度的压力和烦躁是我们生活中很正常的内容,甚至是有益的。

# 四、正确认识自己

为你未来想要达到的状态营造出一幅清晰的理想图景,是你踏上自控之旅最重要的一步,也是你进行自我控制的源泉和动力。当人们经常想象自己未来的理想状态时,会更加倾向于按照长远利益而不是短期利益做出选择。

你想要成为什么样的人?你理想中的生活是什么样的?如果你的生活变得更有序,能带来的最好影响是什么?如果你能静下心来回答这些问题,你就会看到一个不一样的自己。

答案在你心中,自我控制的动力也在你的心中。关键是要我们向内,而不是向外去寻觅。

第一步是准确地理解你现在的状态。自我认知是转变的先决条件之一,所以你首先应该分析自己在生活和工作中的状态,判断哪些东西行得通,哪些东西行不通。仔细考虑你目前的状态,诚实地面对自己,但是不要责怪自己。过去是你的朋友,它给予你的经验会帮助你前行。

为了帮助你弄清楚自己的现状,这里有几个问题,让你可以用量化的形式给自己打分,判断你目前是什么样子,想要变成什么样子。带上六步法则,踏上自控旅程。

当你有了明确的目标,点燃了内心的梦想,听从了心灵深处的声音,那么,你也就有了强大的动力,踏上了自我控制的旅程。

在自我控制的道路上,共有六步法则可以帮助我们,又叫自控力六步法则。下面我们先做一个简要的介绍。

第一步:驯服烦躁

一个人烦躁的时候,也是他的智商和能力最低下的时候。然而,遗憾的是,很多人却偏偏喜欢在这样的时刻做出决定和决策,于是,出现错误,甚至遭遇灭顶之灾便成了顺理成章的结果。

要提高一个人的能力,最有效的方法就是让他驯服心中的烦躁。当大海中的狂风巨浪平息之后,平静的天空就会升起智慧的彩虹。

第二步:集中注意力

集中注意力是发挥能力的关键,一个三心二意的人注定一事无成。但值得注意的是,虽然集中注意力是要抵御外界的干扰,但并不是一条道走到黑。

在集中注意力的过程中,你的大脑会扫描周围的环境,把大部分注意力引向某种刺激,同时继续处理别的视觉和听觉信息。所以,当你的注意力保持在一件事情(例如会议桌前正在发表重要讲话的人)上时,你的大脑仍旧在对新的信息做出评估(你左边传来的响动声,你右边那个人的低语声)。这些无关的新信息("噪声")会争夺你的注意力,然而如果你的大脑足够有秩序,就可以瞬间完成评估,把不值得注意的信息屏蔽出去——从噪音中分辨出有意义的信号。响动声和旁人的低语声并不值得你投入认知层面的关注,但是如果有人突然冲进会场宣布"公司总裁刚刚被铐上手铐带走了!"那你会马上把这条新的信息列在"需要关注"列表的头条。

恰当应对来自周围环境的各种噪音,对它们瞬间做出正确的优先级评估,同时并不从主要任务上分心——这是有自控力的大脑所具备的另一种基本的、重要的能力。

第三步:及时刹车

有秩序的大脑必须有能力阻断某种错误的想法或者行为,就像刹车机制能让你的汽车在遇到红灯或者前方有人并道时紧急减速一样。如果你缺乏这种能力,就会很难克制不恰当的反应与行为。许多时候,要阻断自己正在进行的想法和行为并不容易。这里是一个例子:

假如你正在聚精会神地执行某项任务,例如计算你的个人所得税。你保持专注的精神状态,仔细阅读税率计算表,逐条计算你的税项。与此同时,周围传来各种各样的新信息、新刺激:你的配偶想知道你把电视遥控器放在哪里了;你的孩子做作业遇到了问题;你的同事发短信问你事情。然后电话铃响了,是会计打来的,询问你什么时候方便当面核对税务内容。你本能地想要坚持下去,因为你很想今晚完成计算,这样明天就有时间看你最喜欢的电视节目。

有秩序的大脑会告诉你:"现在先停下来,先安排什么时候跟会计碰面!"没错,如果你继续计算税项的话,虽然会更简单也更方便。但你的大脑对不同的选项做出了权衡,它还记得你去年误解了税率计算表上的一项,结果多付了1000美元的税(还要另外多付给会计500美元,因为他不得不重新帮你计算税项)。所以你的大脑决定踩下刹车,停止税项计算的任务。这一功能被称为"阻断控制",你也可以把它想象成大脑正在提醒你,不要把不该继续进行的任务继续下去。

无论你怎么看待它——你可以把它想象成交警冲你伸出手掌,或者顾问劝告你放弃不明智的行为——你都需要听取大脑的讯息,暂时停下来,去做此刻更应该做的事。这也是下一步自控力法则的先决条件。

第四步:转变模式

有秩序的大脑随时都准备好了应对各种各样的突发情况,无论是合适的机会,还是临时更改计划的需要。你需要保持专注,但也要有能力评估和权衡各种刺激因素的重要性,让思维保持灵活,随时可以从一项任务、一个想法切换到另一项任务、另一个想法。这种认知层面上的灵活性和适应性被称为"转变模式"。

换句话说,你需要保持思维有足够的空间,而不是在一棵树上吊死。你要随时掌控自己的注意力,而不是被注意力掌控。想一想那些缺乏注意力的人,他们究竟缺乏的什么?尽管这样的人经常被认为是缺乏注意力(仿佛他们根本没法注意任何东西),但是更准确的描述是,他们缺乏调节注意力的能力。当他们的精神开关自动拨到"开"或"关"的状态时,他们只能让它停留在那个状态,很难主动拨动它。所以,当别的刺激因素更加重要或者紧迫,更加需要他们的注意力时,这些人往往会因无法集中注意力而错失良机。

第五步:把点连接成线

有秩序、高效率的人可以把我们先前列出的各种能力——平息内心狂躁的能力,保持稳定关注点的能力,认知层面的控制力,在脑海中塑造虚拟信息的能力,以及灵活适应新刺激的能力——整合到一起,就像大脑的不同部分协同执行任务、解决问题一样,通过综合运用这些能力来处理眼前的问题或者情况。

缺乏自控力的人难以做到这一点。我们身边都有对自己的生活似乎缺乏控制的人——有些时候,你或许觉得自己也是这样的人。在这样的时候,你似乎什么事情都做不成,总是赶不上时间,缺乏影响和管理事物的能力,只能任由"事情发生在你身上"。你似乎总是没时间去做那些重要的事情。

在这种时候,你要做的就是把点连接成线:思想—感觉—行动—生活。从情感控制到各方面的认知能力就像是一个个分散的点,你已经准备好了把它们连接起来,形成一条有秩序的线,让这些能力能够协同发挥作用。这样做的结果是带来认知上的和谐,让你可以更有效率地发挥作用,更具有创造力,更加享受生活的每个方面。

以什么样的名字,它们都是由焦虑、悲伤和愤怒这三种基础情感融合演变出来的。

情感可以被感觉到,也可以被表达出来。情感可以在短时间内达到很强烈的程度,例如突然涌起的一阵焦虑,或是让我们一时间无暇他顾的烦闷等。也有些时候,我们是静悄悄地在自己内心中体验着情感,别人看不出我们的任何反应。悲伤、焦虑和愤怒,作为情感的"三原色",可以彼此融合,彼此依托,轮流打乱你原本有序的生活,以及你大脑的思考,就好比在你的生活中打翻了颜料罐,弄得一切都斑驳不堪。

对于那些感觉自己生活混乱、应付不过来或是陷于烦躁之中的人来说,情感的"三原色"通常就是他们的麻烦根源。

· 焦虑:对于可能会发生的事情感到担忧或不安;

· 悲伤:不快乐、悲痛的状态;

· 愤怒:易受挑动,敌对性。

这些常见的情感是如何表现的呢？比如：

·你会为自己生活无序引发的后果感到焦虑；

·你会为你表面上看来难以转变的状态感到悲伤；

·你会为眼前的挑战感到愤怒。

魔力悄悄话

　　保持注意力的实际过程是一项非常复杂的任务，需要大脑诸多区域的通力合作。保持注意力远比观察某件东西、某个人一类的行为要复杂得多。有的人，也时常能认识到自己的注意力不集中，于是硬着头皮强迫自己去集中注意力。但是，因为自己对注意对象根本不感兴趣，所以往往以失败告终。

# 第六章
## 驯服烦躁的自控力

　　人类的复杂,很大程度上是因为丰富的情感。咿呀学语的时候,父母的一个微笑,让我们乐不可支,手舞足蹈;上学的时候,受到老师表扬,我们会兴高采烈,沾沾自喜;恋爱的时候,恋人的几句贴心话,让我们心花怒放,热血沸腾……正面的刺激,可以产生喜悦、兴奋、自豪等积极情感。反过来,诸如讽刺、羞辱、挑衅、打击等负面的刺激,会产生懊恼、悔恨、羞愧和郁闷等消极情感。消极情感和积极情感对一个人的现实影响差别很大。

# 一、掌控好自己的情感

"控制你的情感,不然情感就会控制你。"这是一句许多人都熟悉的话。

虽然你听说过这句话,但在日常生活中,还是会因为老婆的喋喋不休而火冒三丈,还是会朋友的玩笑而大发雷霆,还是会因为朋友的冷嘲热讽而郁郁寡欢……这只能说明,你真的是一个不能很好控制自己情感的人。

人类的复杂,很大程度上是因为丰富的情感。咿呀学语的时候,父母的一个微笑,让我们乐不可支,手舞足蹈;上学的时候,受到老师表扬,我们会兴高采烈,沾沾自喜;恋爱的时候,恋人的几句贴心话,让我们心花怒放,热血沸腾……正面的刺激,可以产生喜悦、兴奋、自豪等积极情感。反过来,诸如讽刺、羞辱、挑衅、打击等负面的刺激,会产生懊恼、悔恨、羞愧和郁闷等消极情感。消极情感和积极情感对一个人的现实影响差别很大。

试想一下,如果你是位男士,早晨乘地铁上班,恰好身旁站了一位美女,你看她一眼,忍不住又多看了一眼……正当你庆幸这一天有了个美好开始的时候,美女手中端着的热咖啡洒了,刚好溅了你一身。在你没有低头看自己白衬衫的遭遇之前,你还会像个绅士一样,用口口声声的"没关系"来回应美女接二连三的"对不起"。在你低头看过之后,再看身旁的美女,如果你还觉得她貌若天仙,还觉得她给你今天带来了一个好的开始,那你绝对不是个常人。正常的情况是,你会因为她的过失而心生不快,至于你会不会和她撕破脸皮理论一番,恐怕连你自己都不能断定。无论如何,她的美丽是不会让你像之前那样感到愉快的了。

本来,如果她没有将咖啡溅到你身上,她能给你留下的好印象只能保留至你走出车门之前,因为除了所谓的一见钟情,否则你不可能一直对她恋恋不忘。相反,她把咖啡洒到你身上,你很容易郁闷并生气一整天。

为什么快乐给人的感觉是如此短暂,而痛苦给人的感觉是如此长久呢?

生活中,的确存在一些乐极生悲的事例,但并不会太多。不过,在人们的心理层面,似乎到处都是乐极生悲的事情。难道在生活中,悲的事情一定比乐的事情多吗? 不一定! 但问题是人们有一种最基本的心理:与快乐的记忆相比,人们更容易记住痛苦。也就是说,与积极的情感相比,消极的情感对人更具有影响力。

培养积极的情感,就像推着圆石上坡,非常吃力,而消极情感的力量则像是把圆石从山坡上推下,势不可挡。

人类的消极情感很多,有羡慕、嫉妒、恨,也有焦虑、恐惧、羞,还有紧张,悲伤、烦恼……虽然消极情感纷繁复杂,多种多样,但最基本的只有三种,也就是心理学家所说的"三大基础情感",它们分别是焦虑、悲伤和愤怒。大家知道,虽然这个世界上有很多种颜色,但最基本的颜色只有三种:红、黄、蓝。画家把这三种颜色称为"三原色",可以用它们调和出无穷种颜色。

魔力悄悄话

随着我们长大,我们发现自己面对着太多需要注意的东西,一不留神就把天生的注意能力隐藏起来。或许是外面的压力,或者是生存的压力,总之,我们在放弃自己喜欢注意的人物和事物的同时,我们再也听不到了自己内心的声音。

# 二、情绪影响生活

艾琳是一位年近 40 的女士,她第一次和我见面比约定的时间迟了 15 分钟。

她的眼圈通红,看上去似乎哭过很久,脸上满是牵挂的神色。她看起来好像一直缺乏睡眠。她在我的面前坐了下来,警惕地打量着周围。

"那么",我问,"你找到这里来没遇到麻烦吧?"

"没什么。"她翻了翻白眼,"不好意思,我迟到了。我在中央广场那里拐错了弯,把车子开到另一片城区去了。"她无奈地笑了笑,"这只不过是我这段时间生活的一个缩影罢了。"

我等待了片刻,但她并没有继续说下去。

"你能说得详细一些吗?"我问,"为什么这么说呢?"

她深深叹了口气,开始讲述一连串不幸的事件。她在一年前跟丈夫离了婚,当时他们的儿子 12 岁,刚上中学,正处在儿童期向青春期过渡的阶段。

按照艾琳的说法,她的儿子过得并不轻松:上中学的第一年里,他承担的压力比之前加重了不少,书包也装得鼓鼓囊囊。他要参加乐队和棒球队的训练,要努力学习准备考试,要做作业,要跟朋友一起出去玩,还要打游戏。在我看来,这正是当今中学生的典型生活,即学校的课程、音乐、艺术、体育、游戏,丰富多彩。但她却告诉我,她的儿子似乎每天晚上都濒临崩溃。

"就在几天前晚上,他去参加棒球比赛的时候迟到了。"艾琳说,"原因是我在办公室有几份报告没来得及弄完,回家晚了几分钟。我告诉他赶紧放下游戏机去打球,但是怎么都说不动他。这样的事情已经发生过几次了,所以教练没有把他安排在首发阵容里,他只好绝大多数时间都坐在板凳上。"

我刚想插嘴,她已经开始接着讲述别的一连串问题:她的儿子总是难以跟上学校的进度;她工作的时候总是遇到问题(她是一名理疗师);她跟别的家庭成员和前夫的家庭成员也有矛盾。

她并不是在发牢骚,听起来她很疲惫,似乎快被这么多问题淹没了。

她接着告诉我,她是怎样对这些危机做出反应的:她跟儿子的老师谈话,然后她请了一位家庭教师,辅导儿子学习数学,这似乎是他学起来最吃力的一门科目。

尽管,她把自己的生活描绘得一团糟,似乎随时都处于"危机状态"。不过,我感觉她和儿子通常还是能比较顺利地解决问题的。

"你儿子对这一切是怎么看的?"我问。

她又翻了翻白眼:"他说,'妈,别给自己这么多压力。'他说起来倒容易。"

我感觉她儿子是对的。她的生活确实有些混乱,但从她的话里流露出来的,更多的是焦虑和担忧,我很高兴她儿子也说出了这一点。于是,我借题发挥:

"你觉得他为什么会这样说?"

她想了几秒钟。"可能是因为我对他打球迟到的事情反应有点过了。"她说,"我告诉他,要是再这样沉迷于游戏,他会被球队开除的,所以我要没收他的游戏机一个月。但我也给教练打了个电话,并告诉他,让我儿子坐冷板凳完全不公平。他的球技很不错,就算迟到过几次又有什么关系?谁没迟到过呢?就算是堵车好了……"

然后她换上了自卫的语气,在椅子上坐直身体补充道:"并且实话实说,我确实承担着各种压力。在今天这个时代,这不是很正常的吗?"

"嗯,重要的不是怎样才算'正常',而是怎样对你来说是最合适的。"我说,"尽管你一直在说自己的生活有多么混乱,但是听起来,你的压力程度至少跟混乱程度相当。"

她点点头表示同意。这很重要,我很高兴看到她能正视自己。

我接着说:"你感到自己生活无序,同时又感到很焦虑、很紧张。这就涉及一个重要的问题:在某一刻、某一天,这二者究竟哪个在先,生活无序还是焦虑?"

她思考着这个问题,不禁扬起了眉毛。于是,我接着说下去。

"它们可以彼此强化。或许其中一方会比另一方先出现,或者是让另一方变得更加严重。例如,如果你没有因为儿子在你回家晚了几分钟时仍旧在打游戏,或者因为他被罚坐冷板凳,而感到如此……怎么说呢,慌乱?那你很有可能会用更合适的方式对待他,以及他的教练。"

她点点头。"我猜也是这样……或许吧。"

当一个人的内心被消极情感占据时,很容易沉浸于自己的情绪当中,并想当然地以为这些消极情感是外面的事件引起的,要清除这些消极情感,就必须让外面的事件消失。

实际上,这样的认识刚好是本末倒置。

"我希望你现在开始做一样事情,就是留心一下紧张和生活无序之间的平衡或者失衡关系。"

我说,"每天都衡量一下自己的紧张程度。想想你什么时候会感觉到紧张,这种情况有多频繁,你当时的感觉和想法是什么,你能否从中分辨出规律。我们需要做的第一件事情,或许就是掌握自己的紧张和焦虑。我猜这可以给你提供一个很好的出发点,让你提升自己的自控力。"

这只是一个很小的开始。她要做到这一切需要付出时间和努力,并且还有别的问题要面对。我并不指望单凭这一次交谈就能解决她生活中的所有问题。然而这也是很重要的第一步,是她培养和施展自控力的开始。

一个人面临的问题不是关键,他对自身问题的反应,才是问题的关键。

对于艾琳来说,并不是因为一切都无可救药,她才"给自己太多压力",而是她先给了自己太多压力,结果才带来生活混乱的问题。她不解决自己

的情绪问题,她的生活就会成问题。

不过,这样的情况是可以扭转的,而控制她自己的情感状态是第一步。

## 魔力悄悄话

很多时候,为了更好地把握我们的生活,我们不可避免地要跟焦虑、悲伤、愤怒这三种基础情感对抗,而在与这三种基础感情的对抗过程正是运用自控力法则第一步的绝好时机。

# 三、认识改变情绪

为什么一个人有了情绪之后,他的智商就会降低呢?

要弄明白这个有趣的问题,先要来看一看大脑是如何工作的。

你可以把大脑想象成一个由各行各业专家组成的委员会,尽管大家彼此合作,但每一名专家都有自己的特长。像绝大多数委员会一样,这里有主席也有等级结构,每一名成员都有自己的任务。在你大脑的"委员会"里,等级最低的是大脑的原始区域(又称为后脑),例如脑干。这些区域负责基本的生命机能,包括呼吸和心率的调控等。如果你想要跟自己内心的"原始本能"发生接触,那么它就在这里:后脑提供了我们的动物本能,参与简单原始的"战或逃"反射过程。当心率上升时,我们的腿部肌肉会得到更充足的血液和能量供应,让我们可以快速奔跑。这或许能够解释,当我们在工作中感到力不从心时,本能的反应往往是"我得赶紧离开这里!"

大脑更加复杂高级的区域是在原始区域的基础上进化出来的。大脑中区由脑干发展而来,是一片非常复杂的区域,也是关键的情感与信息中心。处于这一区域的大脑结构包括下丘脑、丘脑、海马体、前扣带皮质、基底核等。20 世纪 30 年代,美国神经解剖学家詹姆士·巴贝兹提出,情感是通过大脑不同部位之间连接产生的回路形成的。巴贝兹回路又称为边缘系统,描述了情感产生、交流和活动的机制:情感处理,情感记忆,以及复杂的激素和动作反应。

杏仁核是这种情感回路的关键部件。这一区域不仅是恐惧处理与反应的中心,也负责处理像奖励这样的积极信息。它会对外面的事情做出情绪反应。当然,跟我们的祖先不同,我们不再需要依靠杏仁核帮助我们评估山洞外的树林里是否隐藏着剑齿虎。但我们的大脑仍旧保持着警惕,能够察觉到现代环境中更加微妙的威胁和机遇,这对我们很有益处。例如,达特茅斯大学瓦伦实验室对杏仁核进行的研究表明,面部表情能够对杏仁核产生"充分激活"的作用,面带微笑的人递给你一张奖金支票,表情紧张的人宣布你的项目预算缩减,等等,都可以让你大脑中的杏仁核产生反应。

尽管产生情感的大脑区域和回路像城市电网一般井然有序,但我们都知道,情感本身是非常混乱的。现代神经科学已经验证,大脑的情感区域即使对非常简单的认知任务也能造成干扰。例如,加拿大安大略省滑铁卢大学 2010 年进行的一项研究表明,做数学题时感到焦虑的人,可能在执行从 1 数到 5 这样简单的任务时都会遇到困难。这一实验表明,情感能够干扰大脑基本的认知过程。

很明显,当大脑的情感中心处于激活状态时,就有可能通过影响组织结构的基本部件(例如注意力和关注点),对更加复杂的组织性和秩序造成妨碍。简而言之,如果你的情感处于活跃状态,那么,你的思维就会处于低能状态。当你正在做出情感反应时(无论你是焦虑、悲伤还是愤怒),你都没法很好地思考。多项研究一致表明,情感可以主导你的思维注意力,把它从你面前的任务上挪开。因此,可以说,当你试图在看起来混乱不堪的生活中建立秩序时,你最不需要的就是那些能左右你注意力的情感,也就是那些会让你动摇和分心的情感,因为这些情感最终会把你重新拉进混乱的状态之中。

然而,对于情感层面的干扰因素,大脑更高层级的执行功能区域并非没有对策。如果把大脑比作专家委员会,那么执行功能区域就是委员会的主席。也可以把这片区域比作大脑的"中心办公室"——大脑皮质中的思维中心,它存在于大脑表面的沟回结构之中,负责指导皮质下层各区域的活动,就像企业的中心办公室负责设计和指导下层员工的工作一样。前额叶皮质是这类关键的皮质区域之一,我们在这本书里会反复提到这一概念。大脑的皮质区域不仅会参与情感过程,而且会参与情感控制的过程。

我们是怎么知道这一点的?尽管自亚里士多德以来,学者们就大脑的结构和运转机制提出了各种各样的理论猜测,但是直到大脑成像扫描技术出现并逐渐成熟,我们才能比较准确地描述大脑各部分的结构和交互作用关系。今天的成像扫描技术不仅可以记录大脑各部分的大小和形状,而且可以显示大脑不同区域实际发挥作用的具体过程。

其中一种成像技术被称为放射性核素显像技术,方法是让血液携带放射性核素进入大脑的特定区域,让成像仪器可以直接观察这些区域的活动情况。放射性核素能够反映大脑在执行特定任务时的活动状态,例如观察图片,解决数学问题,看到一张恐怖的脸等。这样的成像扫描可以分辨大脑活动的具体细节,实时反映大脑的运转情况,让我们得以了解情感与认知的本质,以及二者之间精巧的动态平衡。

当艾琳开始辨认自己生活中紧张情感的模式时,也就开始对一些可预期的情况进行重新认知,用更加理性的方式考虑自己的反应方式。例如,她开始觉得儿子玩游戏机或许并不是为了故意惹她生气,而是因为他自己可能也有点焦虑——为他打球的才能和他在球队里的地位感到焦虑。而为了暂时摆脱这种焦虑,他把玩游戏当成了逃避的方式。她也开始意识到,儿子的反应或许意味着因为负担太大而有点不堪重负。

她有一次来找我的时候坦白道:"原先我一直以为,他这样做只不过是为了让我恼火。我想我早就应该意识到,小孩子同样也会疲劳,也会感觉到紧张和压力。"

还记得情感的"三原色"——焦虑、悲伤和愤怒吧? 这三种情感最有可能跟感觉生活混乱、注意力分散、顾此失彼的人有所关联。

艾琳的例了给我们的启示就是,重新认知能够在临床实践中有效控制焦虑的情绪。

现在,让我们再来看看另外一种最常见的基础负面情感——悲伤:它会怎样影响我们的智商和能力,我们应该怎样利用自控力法则来面对它。

珍妮弗是一位律师助理,在波士顿一家律师事务所工作。二十多岁的年轻人本来应该积极乐观,生活充满了希望和新鲜感,然而来我办公室里的这位年轻女子,看上去非常悲伤,满怀沮丧。

她来找我是因为她在工作中遇到的麻烦越来越大,她感觉自己的生活混乱,没有积极性。

我们第一次见面时,她向我描述了前一天发生的情况。

"我昨天没有把该做的工作全部完成。"她说,"当上司召集员工们开会,要我为大家解读一些信息的时候,我没有准备好。最后,我们不得不重新安排会议时间,整个案子要延迟一个星期,这全都是因为我的愚蠢。"她掏出纸巾,擦了擦湿润的眼眶,"我不知道我是怎么得到这份工作的。"她说,"真的是这样。合伙人都那么聪明……我不知道他们为什么会让我负责这样的事情。"

随着谈话的进展,我发现她并不仅仅是因为这一次会上的糟糕表现而产生这样的想法。之所以她没有为会议做好准备,是因为她在此之前并没有阅读本该阅读的材料。

"珍妮弗,"我说,"你好像对自己的评价非常低。"

"哦,有那么一点。"她说,"但我确实会尝试积极思考。今天早晨我就知道,我在会上很可能要出洋相,但我告诉自己要积极思考,期待最好的结果。到头来,还是一团糟。"

这可不算是什么积极的想法。尽管她告诉自己"期待最好的结果",但是她的语调里完全没有自信,似乎根本不相信自己的所作所为能让人满意。

"会上出了问题之后,你都做了些什么?"我问。

"我向上司道歉,然后就回去工作了。我觉得自己应该赶快把原本该读的材料读完。这也是我明天的主要任务,我必须把它完成好。"

"明天是星期五。"我说,"你这个周末打算做什么?"

"我会听取母亲的建议。她建议我租一部电影来看,让自己冷静一下。这个星期的工作让我筋疲力尽,我觉得我会待在家里休息一下。"

陷于消极情感的人,对自己的评价会很低,认为自己无能,并逐渐丧失生活的乐趣。这时,特别需要别人的建议和引导,否则,掌控自己的情感将是一件很大的难事。

她的回答让我感到高兴——珍妮弗不仅试图积极思考,而且确实表现出了一定程度的抵抗力;更重要的是,她接受了母亲的建议,确实是打算在工作中"重新爬起来"。

珍妮弗母亲的建议很不错,但并不是最好的。为什么?因为她的建议从某种意义上说,是让珍妮弗逃避,而我所强调的自控力法则是要让人面对自己的问题,通过转变认知来掌控自己的情绪。

生活和工作中会有各种各样的问题和困难,人生不如意的事情十之八九。实际上,人生就是一个面对问题并解决问题的过程,只有在这一过程中,我们才会逐步成长和成熟。从这个角度来看,问题和困难也有很大的积极作用。所以,只要我们转变了对问题和困难的认识,就能转变自己的情绪。

**魔力悄悄话**

心理学知识告诉我们:"不能按时完成任务的情形属于消极的拖延。某些拖延行为并非拖延者缺乏能力或不够努力,而是某种形式的完美主义或求全观念的反映,他们共同的心声是,'多给我一些时间,我可以做得更好'。"

# 四、思维控制情感

前面已经提到,大脑最高级的区域是大脑皮质中的思维中心,不过,即使是太阳,也有被遮挡的时候。

当大脑的"情感中心"处于激活状态时,大脑"思维中心"的活跃程度就会降低,尤其重要的是,这些情感还会引开你的注意力,使你从重要的事情上分心走神,就像英国航空公司那个在谈判时玩手机的高管一样。为什么人们常说爱情是盲目的,就是因为这时人的"情感中心"很活跃,而"思维中心"比较沉寂。

大脑中的"思维中心"越活跃,大脑中的"情绪中心"就越沉寂,这就说明,如果我们想办法激活大脑的思维中心,就可以掌控我们的情感,并通过掌控情感来掌控我们的注意力。

威斯康星大学麦迪逊医药与公共卫生学院近期进行了一项研究,研究要求受试者观看能够制造负面情感的影像(例如车祸图片等),然后再进行积极地思考。研究人员发现,受试者在试图进行积极思考时,大脑的思维区域受到了激活,而随着思维区域的活跃,情感区域就安静了下来。

当我把前面的艾琳和珍妮弗放在一起考察,很容易看出,艾琳通过有效的重新认知,"激活"大脑的思维中心,最终缓解了焦虑。而珍妮弗也声称自己进行了积极思考,结果她越思考,负面的想法就越多,使她更加深陷于负面的情感之中。就艾琳和珍妮弗这两个案例来说,我们不能说焦虑比悲伤更容易控制或平复。更好的解释是,珍妮弗所谓的积极思考,并不是真正的积极思考,她没有激活大脑的思维中心。

在2009年的一项研究中,荷兰科学家试图揭示"保持忙碌"在情感控制方面的作用。受试者并不是被要求在压力刺激(愤怒表情或创伤的影像)面前想象积极的结果,而是被给予了心理学家所谓的"认知负荷"——难度逐渐递增的数学题。研究人员通过大脑成像技术发现,大脑皮质越是投入到解决数学题的过程之中,情感区域的活动性就越能得到减弱。这项研究告诉我们,不同内容的思考会带来大相径庭的结果。在强烈的情感波动之后缩在安静的地方一个人思考,或许并不是最好的方法,因为这样会让"杏仁核"长期保持活动状态,产生更多的悲伤等负面情绪。要扭转这种状况,我们应该有意识地让大脑致力于认知活动——无论是积极思考、认知重评还是别的(非负面的)思考活动——让大脑皮质投入其中,从而减弱情感中心受到的关注。珍妮弗之前也试图积极思考,但那是"一个人的思考",并不是真正意义上的认知活动。

美国物理学家费曼生前做最后一次癌症手术时,医生告诉他,这次也许撑不过去了。他说:"如果是这样,拜托帮我把麻醉解除,让我处于清醒状态。"

"为什么?"

"我想知道生命终结时是什么感觉。"

一个人只要能让大脑的思维区域保持高度的活跃,即使面对死亡这样的事情,也会变得淡定。

同样,当苏格拉底被雅典的统治者以不敬神灵和蛊惑青年的罪名判处死刑之后,苏格拉底却视死如归。在《苏格拉底的声辩》,尤其是《裴多》中,我们可以看到,此时的苏格拉底完全沉浸在关于真理的思考之中。所以,思维越是活跃,情感越容易冷却。

我给珍妮弗的建议是,她应该有意识地尝试多做一些"有内容"的事情,例如多花几个小时,读一本书,或者玩一个有挑战性的游戏。不要忘了大脑成像研究揭示的结论:当大脑的思想区域处于繁忙状态时,会对情感区域起到"冷却"作用。你对于认知任务的投入程度越高,这一效果就越明显。

最后,珍妮弗没有听取她母亲的建议,即一个人在家里度过周末,而是决定让自己活跃起来。在度过了一个"比较正常的周末"之后,她很快加入了一家读书俱乐部,还志愿参与本地教堂的募捐委员会。这些积极的活动让她不再整天坐在那里，思考自己的悲伤，而是让她保持迎接挑战的状态，逐渐平息了她的悲伤情绪。没过多久，她的工作表现就回归了正常，很少犯错误，也不再为她的悲伤情感而分心走神。之所以悲伤情感不能主导她的生活，很大程度上是因为增加的重新认知和转变行为打开了她自控的大门，让她有效选择了自己的新生活。一段时间之后，珍妮弗慢慢意识到自己其实并没有自己想象的那么差劲，而且她还因更加专注地工作和取得的业绩，获得了上司的夸奖和提拔……

## 魔力悄悄话

　　自控力不在于一个人能做什么或想做什么，而在于他能选择在该停止的时候停止，该行动的时候行动。如果我们在该停止的时候行动，生活就会失控，人生就容易翻车。

# 五、正确认识世界

乔治年近花甲,曾经是一位非常成功的抵押贷款经纪人,两个孩子都已经读完了大学,总之,他的人生似乎已经应有尽有了。

通过与他交流,我能看得出来,乔治并不觉得应该来找我。我了解到,他在高中时代是校橄榄球队的队员。尽管这荣誉早已随时光远去,但从他讲述的语气中可以看出,他在自己事业的巅峰时期一定浑身焕发着自信。

但是随着次贷危机的降临、股市的崩溃和经济的大萧条,乔治的公司宣告破产了,他忽然间没有了工作。但他并没有放弃,而是振作精神,创办了自己的咨询公司,办公地点就在他位于波士顿郊区的家里。公司的业绩并不算出色,在次贷危机和经济萧条的大背景下,这也是理所当然的,但他完全能维持公司运转,还不至于入不敷出。

那么,他为什么要来找我呢?

"是我的妻子。"他说,"她因为我经常愤怒而感到忧心忡忡。"

"你经常发脾气吗?"我问。

"是呀。"他说,"有些时候我会生一阵子气。"

我发现,这样的对话实在是轻描淡写。实际情况是,乔治的愤怒表现得很明显。在他新开办的家庭公司里,他会大声咒骂,会摔电话,会拍桌子,这倒没什么。更大的问题是,当他上报完自己的税务状况之后,一种更可怕的愤怒就浮现出来了。

因为创办公司,他生平第一次作为一名独立生意人纳税。为了节省开支,他并没有雇用会计,而是尝试自己计算税额。现在,他的抽屉里塞满了陌生的表格、参差不齐的记录和来去不明的文件。

过去,他工作所需要的大量文件总是由高效率的秘书负责管理。现在,他不得不自己来管理这些文件,事实证明,他做得并不好。他弄丢过重要文件,计算税额时出过错,最后不得不花更多的时间和金钱来弥补过失。乔治为此感到非常愤怒。

至于这愤怒为什么变得越来越不可救药,经过一段时间的了解,我终于搞清楚了。当乔治在自己的家庭办公室里填写表格、计算税额的时候,他一想到让自己先前工作的公司倒闭的那些原因,就忍不住心头充满了怒火。这怒火尽管并没有形之于外,但后果同样很严重。他开始思考过去发生的事情:要不是老板太过贪婪,他过去的公司就不会破产,他也就用不着在自己家里工作。他仍然可以让秘书替他打理文件,仍然可以把精力集中在他最擅长的事情上,即跟客户打交道,而不是在这些烦琐无聊的细节上浪费时间。让他愤怒的不仅仅是过去的老板,还有银行职员、过去的客户、国税局的工作人员、前后两届美国总统,等等。乔治越是考虑这些事情,就越是发现更多的人、更多的情境、更多的回忆会重新点燃他的怒火,让他整天都陷在愤怒之中。

乔治究竟是怎么了? 该怎样解决他的问题?

人们所注意到的愤怒,往往是爆发出来的、形之于外的愤怒,这样的愤怒通常只是短时间内的反应。许多时候,愤怒发源于具有挑战性的、令人烦躁的情境。例如,当人们觉得自己面临的任务没有道理或者无法完成的时候。也有些时候,愤怒是由错误引起的,乔治的例子就是这样。和乔治一样,生活和工作出现混乱的人们,经常会犯下错误,做出糟糕的决定,这会让他们感到愤怒。

但是,还有一种愤怒不会立刻表现出来,而是会隐藏在内心。如果你意识到自己丢失了重要的文件,忘记了重要的电话,或是因为分心走神而弄砸了重要的事情,这时你感到非常愤怒,但却没有表现出来。那么,在此之后,你的大脑会做什么呢? 我们能意识到自己没有表现出来的愤怒吗?

在前不久的一项研究中,科学家们分析了健康的大学生对于愤怒的反应。首先,通过问卷调查,他们遴选出一批倾向于延迟攻击行为的受试者,也就是说,这些人会隔一段时间再把心中的愤怒表现出来,而不是一产生愤怒就立即表现出来。他们对这些受试者进行大脑成像扫描,结果令人惊讶:当受试者被激怒时,大脑的活动模式会表现出持久的愤怒反应,并且从他们被激怒的时刻起,大脑的海马体(负责记忆的区域)活动情况就跟愤怒反应紧密相关。这就是说,尽管这些受试者当时并没有表现出愤怒的反应,但他们的大脑似乎一直纠结于愤怒的记忆,就像乔治的情况一样。

那么,这种隐藏的愤怒该如何应对呢?哈佛大学心理学家克莉丝汀·胡克在这方面进行了非常有意思的研究:她和同事们研究人们在跟伴侣争吵之后的大脑活动情况,以及大脑活动与情绪之间的关系。实验表明,前额叶皮质更加活跃的受试者(不要忘了,前额叶皮质是大脑"理性思维"区域的一部分)在争吵之后更容易让情绪恢复正常。在其他实验中,这样的受试者也表现出了更强的自控能力。

很明显,乔治的妻子催促他来接受心理咨询是有原因的。他确实有些时候会"生一阵子气",就像他自己描述的那样。然而,跟他试图相信的情况相反,他并不能很好地控制自己的愤怒。他大脑的记忆中心充满了各种各样让他感到愤怒的记忆,有些甚至是多年以前的记忆。因为乔治忙着对他过去的老板犯错误导致公司倒闭感到愤怒,所以他没法把注意力集中在手头的任务上,结果不留神,自己犯了错误。因为他犯了错误,所以他更加愤怒,并且会在未来的几天、几个星期里反复思考这个错误,结果变得越来越愤怒。这是一种恶性循环。

"这些表格真的会要了我的命。"有一次我们会面时,他说。

"是呀,真的有可能。"我回答道。我并不完全是在开玩笑。很明显,乔治需要控制他的愤怒,这不仅是为了让他的生活更有序,也是为了他的健康。

他点了点头,说:"我知道,这不是什么好事。我从来都不否认,跟文件打交道不是我的强项。你知道,在过去的公司里,这些事情是有人来替我做的。"

"或许你现在也可以这样做。"我说,"找个兼职帮手,帮助你管理表格和文件。"

我认为,这样可以让乔治充分发挥出他的优势。他可以给客户打电话,参与经纪业务,提供创意。创意可以动用他的大脑认知能力,会让他的前额叶皮质活跃起来，使他的大脑情感中心得到冷却，让他能够跟愤怒的回忆保持健康的距离。

于是乔治就这么做了。他开始把精力集中到他最享受的工作内容上。通过放弃他不擅长的任务，专注于工作的其他方面，他不仅在工作上更加成功，而且也不再纠结于愤怒的记忆，因为他开始意识到这样是不健康的。

有趣之处在于，当乔治学会控制自己的愤怒之后，他的工作就很少出错，效率也获得了大幅度的提升，生意也一天比一天好。乔治用了一句精辟的话来总结自己的体会："你不恨这个世界，这个世界就不会恨你！"

## 魔力悄悄话

"刹车"，属于我们的自我控制能力，既是天生的，也是后天培养的。不同的人在认识和管理自己情感和行为方面的能力区别非常大，那些这方面能力不足的人会经常放纵自己，作出不健康的选择。

# 六、控制好烦躁情绪

焦虑、悲伤和愤怒总是会发生的,因为这些情感是人类情感世界的一部分。好消息是,这些情感是我们可以应对、可以控制的。

另外,当我们对处于焦虑、悲伤和愤怒状态的自我进行反思的时候,还会发现一种情感——烦躁。

烦躁是一种情感状态,在这种状态下,我们感觉自己有点失控或是完全失控,因此感到不安。跟烦躁状态相反的,是镇定而平和的状态。

不幸的是,对我们许多人来说,烦躁并不仅仅是一种偶然出现、稍纵即逝的状态,而是成了我们大部分时候的情感常态,甚至连做梦时都会感到烦躁。有些人把这种情况称为"匆忙病",我们总是匆匆忙忙,总是急着、赶着、忙着要做什么,很少能进入到镇定平和的状态。

让一个人烦躁的原因有二:外部来源是我们所处的这个纷纷扰扰的世界,内部来源是我们自己的内心世界。有时,我们能够意识到自己心中的一部分烦躁,另一部分则存在于潜意识之中,并不容易察觉。

毫无疑问,我们周围的世界充满了烦躁。也许我们的家的窗外就是喧闹的街道,或者我们周围的人们总是在不断制造噪音,例如在人声鼎沸的招聘展会上,或是在午餐时间的幼儿园里,又或者我们在书桌前坐下,发现网络出了问题,而我们今天有很重要的邮件需要答复…

我们内心的烦躁反映了我们精神世界的噪音,其中很大一部分是由我们对外部世界的烦躁产生的想法和感觉引起的。

无论烦躁发源于外部还是内部,它都会扰乱我们渴望的镇定与平和,让我们自己失去控制。

那么,我们该怎么克服它?

我们已经指出了情感控制的重要性，特别是控制和排解负面的情感。事实上，培养和增强积极的情感，有时效果也很显著。比如，看一张能让你微笑的照片；深呼吸几次；想想让你心怀感激的事情；给某人写一张感激的字条，感谢他（她）给你的生活带来了快乐；读一期漫画；出门呼吸一些新鲜空气；做一段瑜伽练习；给植物浇水；给你的朋友发短信，告诉她你想她；牵着狗出门散步；回忆美好的事情；给同学买一瓶饮料……总之，可能的方法实在太多了。

在应对烦躁时，需要你承担起救火队员的角色，把你的镇定从烦躁的火海中解救出来。然而，在你开始控制自己的情感之前，你需要首先意识到自己独有的镇定和烦躁的模式，具体来讲，就是注意到你自己在什么时候是镇定的，什么时候处于烦躁状态。这两种状态是由什么引发的？你在上学时、家里和放学路上的镇定和烦躁程度是否不同？

每个人对镇定和烦躁的体验和反应都是独特的，这就好比我们都具有独特的指纹。或许一个人在某种混乱的情境下可以保持镇定，换了另一个人在同样的情境下就会烦躁。

对你来说，镇定和烦躁看上去、感觉上去、听上去是什么样的？你可以通过比喻来描述这两种情况的区别。当你感到镇定时，就好比温柔的浪花有节奏地拍打着海岸。你的眼睛会保持放松，你的肩膀会自然垂落，你会露出微笑，你感到生命充满了活力……当你感到烦躁时，就好比你正赶着去某个地方，坐在拥挤的公共汽车上，可是公共汽车却在拥堵的洪流中寸步难行……

## 魔力悄悄话

你的生活并不是一次定胜负的赛马活动，真正重要的是你的长远表现。我们的思想就像骑手一样，必须时时稳坐在马鞍上，用敏感、友善、沟通的方式跟马（情感）合作，同时在必要的时候得勒紧缰绳，让马停下来。

# 七、你可以通过调整身体来调整心理

消除烦躁最快速的办法是让身体运动一下。比如，出门散步、去健身房、去操场上打一会篮球……如果你没有时间的话，也可以进行短时间的运动，比如，花五分钟时间拉伸韧带、在走廊里跳跃、爬几层楼梯、做十几个俯卧撑或者深蹲等，都可以让你的烦躁情绪快速消散。

另一种快速生效的办法是选择能够减少烦躁的食物。摄入足够的蛋白质和水分，细细品味一碗莓子的味道，减少咖啡、糖、精加工食品和油炸食品的摄入，这些都可以稳定你的血糖水平，帮助你的大脑克制烦躁。

花些时间来冥想，听你喜欢的歌，跟你喜欢的朋友谈话，这些做法都可以让大脑中的烦躁平息下来。每天学习或工作结束的时候，出去散散步或者喝一杯咖啡，作为庆祝，去除一天下来积攒的烦躁。虽然，这不是一本关于改善睡眠或者压力管理的书，但这些措施在缓解烦躁方面都能发挥关键作用，是值得考虑的策略。

需要注意的是，小麦、牛奶制品等食品造成的肠胃过敏性发炎会让人产生生理上的烦躁感。对麸质过敏的人哪怕只摄入含有少量小麦成分的食物，都会产生烦躁和恼怒的感觉。

总之，如果你能养成更健康的生活习惯，就可以降低你的基准烦躁水平，让你能够更容易地应对别的压力来源。

如果你发现自己的烦躁水平跟内心世界和周围环境的情况不成比例，那么你或许是受到了某些潜在的内心创伤和情感模式影响。你或许觉得无论如何都理解不了自己的感觉，有许多种心理辅助手段都可以帮助你接触、理解、承认、处理、治疗和抛开这些情感创伤，只要你愿意寻求帮助，就可以找到最适合你的手段。

或许你的慌乱或者焦虑是生理原因造成的，也就是说，你大脑的生化机制决定了你更容易做出过度的或是不恰当的反应。如果是这样，你可以向心理咨询师咨询，是否有什么方法可以解决你的问题，或是为你提供暂时的帮助，使你能够寻求长期的解决方案。

你选择的人生道路或许增加了你的烦躁：错误的学习、错误的工作、错误的婚姻或者错误的社交网络。这些并不是可以轻易解决的问题，但只要你下定决心尝试解决它们，就能为你的人生带来希望。

另一方面，有些人生阶段和重大事件并不是你能选择的：朋友关系中的问题、健康问题，以及不可避免的衰老过程。你或许没法消除这些情境带来的压力，在这种时候，你需要让自己变得更加坚强，学会更好地控制负面情感。

还是那句话，你的生活是掌握在你自己的手里面，你拥有最终的选择权。

你可以选择努力让自己在更多的时候处于镇定状态，更少陷入烦躁之中。你可以选择寻求帮助。

你可以选择从糟糕的一刻、糟糕的一天、糟糕的一周甚至糟糕的一年带给你的负面情绪中恢复过来。你可以选择学习，选择成长，选择克服障碍。享受镇静的生活是你与生俱来的权利，是你原本就拥有的财富，你要做的只不过是把这财富发掘出来。

现实中，你很可能认为自己的生活中充斥着太多的烦躁。然而，即使情况真的是这样，同时你也打算努力消除自己的烦躁，但你也应该记住，一定程度的压力和烦躁是我们生活中很正常的内容，甚至是有益的。

克服烦躁，并非和除害虫一样，所以不用斩草除根。

可以说，如果完全没有压力，就不会有成就，不会有创造力，不会有生活中的挑战。

除非是在休假期间，否则要把一整天、一整个星期的压力评分降低到0，不仅是不现实的，而且很可能也是不健康的。想想看，压力给你带来了哪些美好的东西，例如理想的娱乐环境、难忘的同学友谊、美好的回忆。这一切的发生必然伴随着压力与烦躁。笑一笑,欣赏压力给你带来的益处。下次压力来临的时候,你可以接纳它,扬长避短,与之共舞。当然,决不能突破自我控制的底线。

魔力悄悄话

短期记忆——又叫工作记忆。比如刚才是谁打来的电话;你进门时把钥匙放在了哪里。

近期记忆——你昨天午餐吃了什么;昨晚看了什么电视节目。

长期记忆——你小学一年级老师的名字;你童年时代的经历。

# 第七章

## 注意力影响自控力

　　人们常会因自己缺乏自控力而自责，你也是这样吗？当人们批评自己时，却没有意识到，他们已经为增强自控力和人生的成长制造了一个致命的障碍——自信与自尊的丧失，自信与自尊是自控力的核心中的核心，更是人生的核心中的核心，人若失去了自信与自尊，则一切毁矣。

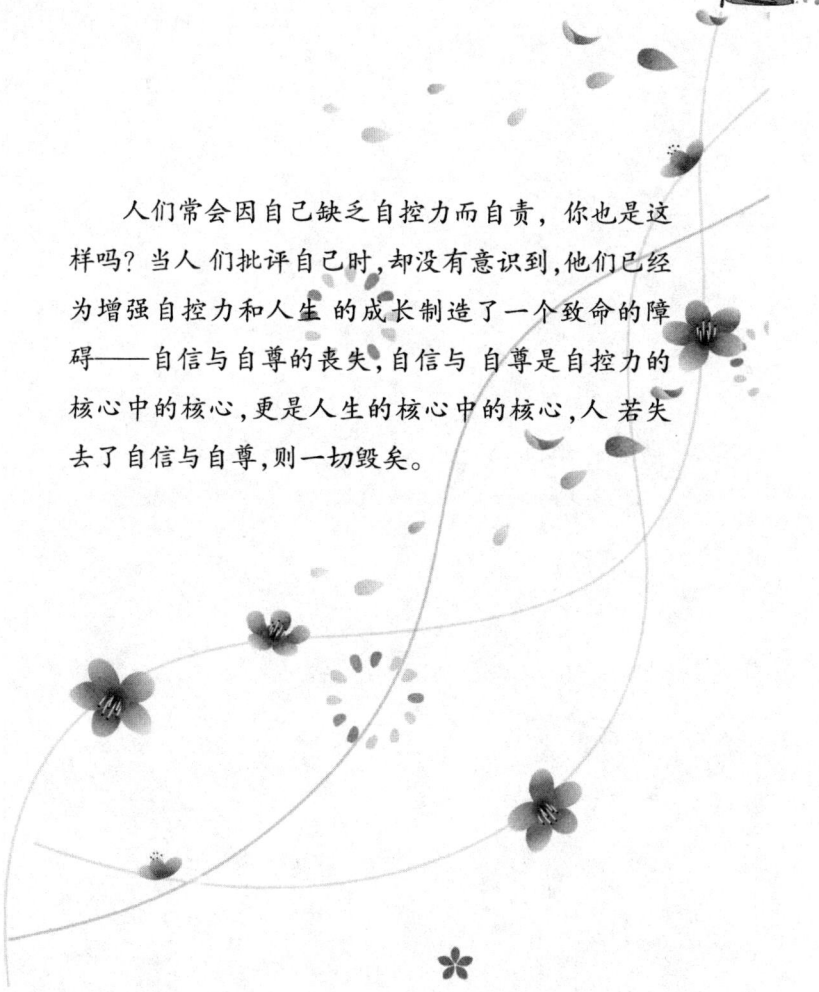

# 一、注意力关系事情的成败

为什么消极的情感会扰乱我们的生活?

概括来说,是因为它能吸引一个人太多的注意力。当然,积极的情感也能引导注意力。问题是,情感并非只有积极和消极两种,还有一些情感是中性的,比如"好奇"。我们常听说,不少重大的科学发现都因为发现者的好奇,但你也一定听说过"好奇害死猫"。

一时的注意多半是源自某种情感,但未必只是某一种情感。一位男子带着自己 5 岁的儿子逛公园,迎面走来一位女子,同时引起父子二人的注意,都看了这位女子一眼。这时,你很难说他们是基于某种共同情感。可能因为这名女子是孩子的母亲,但父子基于的情感并不一样;也可能她只是个陌生人,男子看她是因为她长得好看,而小孩看她是因为她戴的耳环像自己的手镯。因此,我们就不能说是哪种情感引发了他们的共同注意。

据说,美国南北战争时期的将军(后来当上了总统)尤里西斯·格兰特具有超乎寻常的注意力,即使在炮火轰鸣、烟尘弥漫、周围一片混乱的战场上,格兰特仍然能够把全部注意力集中在战场报告上,仔细分析形势,做出关键的决断。历史学家马克·佩瑞认为:"注意力是格兰特将军最出众的特质。他并不算高大健壮或者聪明伶俐,甚至也算不上睿智,但他做任何事情都能聚精会神。"

在格兰特人生道路的尽头,他强大的注意力又一次发挥了作用。在晚期喉癌的威胁下,他努力撰写自己的回忆录,因为回忆录的出版可以给他的妻子和儿女带来长久的收益,扭转他家庭糟糕的财务状况。尽管有病痛的折磨和不便,他还是把全部注意力集中在回忆录的撰写和修改上,最终于 1885 年 7 月 19 日完稿,四天后便去世了。一年后,他的遗孀收到了 20

万美元的版税支票。

　　这里选取的是格兰特一生的两个片段，但很能说明他是一个注意力超强的人。至于是什么样的情感支撑了他的超强注意力，倒是没那么简单。作为一名将军和作为一名丈夫、父亲是不同的，很难用某一种情感来概括。当然，我们也可以笼统地说，他是一个心中有爱的人，所以才能有如此惊人的注意力。但是，对国家的爱，对战友的爱，对家人的爱，毕竟是不同的。

　　其实，我们生活中有关注意力的例子有很多。我们都上过学，也都知道上课要注意听讲，对于一个爱学习的学生而言，尤其能体会集中注意力听讲是怎么一回事。举例来说，有几位同学同时喜欢数学课，在课堂上注意力都很集中，其中一位是因为对数学的热爱，另一位是特别喜欢上课的数学老师，还有一位是因为想考试得个高分得到父母的表扬……这时，注意力牵涉到的情感就变得相当复杂。

　　很多时候，我们只用情感来界定注意力并不准确。例如，对于绝大多数的科学家而言，集中注意力是责任和兴趣的统一。在这方面，爱因斯坦是个榜样。据说，他有一次收到一张 1000 美元的支票，他用来当作书签，最后被图书管理员在书中发现了它。还有一次，有人问他是否吃过了午饭，他的回答居然是："我不清楚自己正在往哪个方向走，如果是回家，那就还没吃过；如果不是，那就吃过了。"

　　倘若我们不知道爱因斯坦是一位著名科学家，很可能以为他是一个容易走神的人。我们能够理解他的走神，他自己也不在意这样的走神，那是因为他已经把所有注意力集中到了科学研究中。生活中，我们绝大多数人注意力不集中，其实是不能把注意力集中到该注意的事上，或者是集中到了某一个环节但却忽视了另一个环节。当然，这和爱因斯坦的走神不是一回事。不得不强调的是，科学家能够集中注意力，往往不只是出于某种具体情感，还可能是出于理性，出于某种意志，甚至是理想，而普通人却并非如此。

　　反过来说，过于集中注意力，并不都是好事，这在上一章谈消极情感的时候已经有所涉及。或许你看过卓别林的电影《摩登时代》，剧中的查理站在工厂的装配线旁，用一把扳手给经过面前的零件上紧螺丝，一天要干8

小时。狠心的老板还嫌强度不够大,又调高了传送带的速度,可怜的查理也得跟着加快速度。结果,8 个小时下来,尽管手上的扳手放下了,但在回家的路上还是做着拧螺丝的动作,路人见了都很惊讶。如此集中注意力,很难不影响到自己的生活,可能会因此忽视伴侣和孩子,也可能在处理其他事情时走神。

## 魔力悄悄话

很多人并没有觉察到,我们其实很难投入地听别人讲话。我们的想法、观点和意见,还有各种突发状况,总是会造成阻隔……于是,要么听不清别人在说什么,要么听不进别人所说的讯息。

# 二、掌控好注意力

南希 30 多岁,是一名注册会计师,并且是当地一家理财公司冉冉升起的新星。然而她最近遇到了麻烦。

"我好像什么都做不成。我没法把注意力集中在任何事情上。我总是三心二意,心思聚拢不起来。"她对我说。

"但是,你拥有一份很好的工作,并且前不久还获得了提拔。你还是做成了一些事情的,对吧?"我问道。

"嗯,公司里的人对我很满意。"她承认,"但是他们让我承担的责任越多,我就越难维持进度,我害怕自己迟早会撑不住了。"

因为外部环境的变化会影响我们保持注意力的能力,所以我开始问她工作内容和工作场所的情况。她告诉我,除了待在电脑前和给客户打电话的时间之外,她的办公室门总是开着,经常有人来请教她各种问题,她也经常被通知参加各种会议。很明显,她处在非常忙碌的环境中,这样的环境的确有可能让她分心。此外,工作对她注意力的要求也在不断提高,她很可能已经达到了自己注意力的极限。

"你在注意力方面的问题是一直都有的吗?"我问。

"不算是。"她说,"类似问题在过去也偶尔出现过,但并没有这么严重。在上一份工作中,我只是被安排负责一个专门的项目。现在,我突然间承担了这么大的责任,一下子根本承受不了……"说到这里,她忍不住露出了笑容,"有一次,我本来应该下午 5 点参加一场会议,结果我彻底忘掉了开会的事,而是跟朋友共进晚餐去了。"

"你感觉自己到达极限了吗?"我问她。

她皱起了眉毛,"我的极限?"

"是的。"我说,"按照你的描述,在你生活的某些阶段,你被要求得太多,需要关注太多的信息,承受了太多的干扰……结果让你达到了自己注意力的极限。现在似乎就是这样一个阶段。"

"有意思。"她说,"我还不知道注意力也有极限。"

人类的大脑确实是一个无比复杂的有机体,它完全具有在任何时候集中注意的能力。大脑的复杂与精巧最能在我们的注意能力中体现出来,即来自所有感官的刺激和之前储存的信息,在几秒钟之内就能得到大脑的组合与解析。当然,这并不是要低估我们的大脑每天必须面对的日益复杂、信息日益丰富的环境,我们的大脑绝不会因为努力学习使用一种新的手持信息终端,或是因为试图对更多的网上留言跟帖回复而崩溃。

当我说"注意力是有极限的",她看上去并不明白我想表达什么。

"通常,你能集中注意力在一件事上多长时间?"我问。

"最多也不会超过两个小时。"她回答得很肯定。

这就对了。尽管我们的大脑具有很强的注意机能,但它能够集中注意力的对象和时间都是有限的。正常的注意力维持时间是多久呢?一般的成年人通常可以连续保持注意力一个多小时。而较差的人只能保持 10 至 15 分钟,不能一直聚精会神执行手头的任务,而是过不了几分钟就会离开座位,给自己倒杯水,把目光投向窗外,或是在网上漫无目的地浏览。如果任务的截止期限即将来临,上司或伴侣造成了较大压力,或者任务本身特别新鲜有趣,倒是可以让注意力保持更长一点的时间。

南希现在的情况是,她可以连续半个小时至一个小时把注意力聚焦在工作上,然而当工作负担突然增加,迫使她处理和应对更多的信息时,她的注意力状况就会急转直下。

"为什么我有时能集中注意力,有时却怎么也集中不了呢?"南希充满期待地看着我。

我告诉南希,能"抓住"注意力的刺激因素,通常跟我们的目标相符,这比刺激本身的显著性(比如声音大小)更加重要。例如,你听到了救火车的声音,你可以在短时间内处理大量关于救火车的信息,然后再回到之前的工作任务上来。但如果你的手机在这时响了,你发现是伴侣、上司或者医生打来的,那么你完全可以把救火车闪烁的警灯和长鸣的警笛声隔绝在外,把你的注意力集中在电话内容上,因为后者是对你来说真正重要的信息,是值得重视的目标。对于保持注意力有困难的人来说,这个例子的启示就是,我们需要尽可能培养目标导向型注意力。我们需要更加有目的地注意,而不是任由注意力被开过来的每一辆救火车吸引走。

我们好像是在把注意力当成一种单一的能力或者素质来讨论。事实上,科学家们把注意力划分为两种不同的类型——目标指向型注意力和刺激驱动型注意力。

科学家们目前尚未确定哪些因素会让刺激更容易吸引我们的注意力。或许是刺激的显著程度(突出程度以及相关性),或者是刺激本身的某种特征,例如突然出现的刺激。尽管相对于其他物种,我们人类的进化程度更高,但吸引我们注意力的可能仍旧只不过是"亮晶晶的金属物体"——就像猫的注意力会被摆荡的悬挂物体吸引一样。

目标指向型注意力由我们内心中的目标和期望驱动,是自我主动的选择。这种类型的注意力符合我们生活的特殊情况、特定的兴趣和一时间的目的。这类注意力的驱动模式是"自上而下"的,发源于大脑皮质中负责认知控制的区域。对于南希来说,当她正在为客户整理文件,她努力在富人聚居的郊区建立良好的客户基础时,她的目标指向型注意力一般都处于"开启"状态。此时,她的自控力是生效的。

与目标指向型注意力相对的,是刺激驱动型注意力。广告商们对注意力进行过长期的研究,他们很清楚引导受众的刺激驱动型注意力。许多成功的广告宣传都采用了对于目标受众非常显著的讯息传递方式,合理运用刺激驱动,从而长久地吸引大众的注意力。一个经典例子,是20世纪80年代初期,苹果个人电脑打出的广告词——"我们剩下了这些人的电脑"。当时,尽管许多美国消费者对个人电脑及其功能很感兴趣,但却仍然感觉这些神秘的机器只有穿白大褂的专业人士才能理解,这句广告词一下子就吸引了他们的注意力,让苹果电脑一跃成为全世界特征最鲜明、运作最成功的品牌之一。

与目标指向型注意力不同的是,刺激驱动型注意力会受到各种外界刺激的吸引。例如，有人大叫"着火了"，电脑上冒出来的窗口，地平线上划过的闪电，或者吉他上某一根弦的声音。这样的信息有时是至关重要的，但在更多时候是无意义的。这类注意力的驱动模式是由外部因素引导的。这或许就是南希遇到的问题所在，她深受外界各种刺激因素影响，例如来找她的人和他们提出的要求，一整天都在透过她敞开的办公室门对她进行干扰。此时，南希的自控力失效了。

毫无疑问，很多科学研究者长期处于施展目标指向型注意力的状态，因此，他们的生活显得比南希要有序。从这个意义上说，目标指向型注意力更值得我们关注，因为它能体现并培养一个人的自控力。

## 魔力悄悄话

在更多时候，我们对自己的注意力并没有什么反思，也不太清楚自己把注意力投向了哪里，直到某一天突然发现，自己已经很难在一件事上集中注意力。这就好比自我失控，有的时候体现为太投入而失控，有的时候是真的找不到自我而失控。

# 三、正确投放你的注意力

有些时候，如果我们并没有充分分配和运用注意力，便会对我们接触到的信息"视而不见"。

或许你曾有过这样的经历：一位同学对你说，"我昨天把信息发送给你了，你不记得了吗？"或者你的朋友坚持说，"我告诉你什么时候去那里，你不记得了吗？"你感到很惊讶，因为你真的完全记不得信息和约会的事情，仿佛这些事情从未发生过一样。这是因为你并没有集中注意力，并没有对信息或约会的信息进行处理。集中注意力并不总是自发的过程，如果我们不是有意识地集中注意力，就有可能错过某些发生在我们身边的事件、信息和体验。"我不记得"往往意味着，"我一开始就没有集中注意力"。

集中注意，聚精会神，保持警醒，专注于任务，紧盯着目标，侧耳倾听，投入到任务当中。说起来简单，做起来困难。保持注意力的实际过程是一项非常复杂的任务，需要大脑诸多区域的通力合作。保持注意力远比观察某件东西、某个人一类的行为要复杂得多。

因为我们多数人没有反思自己注意力的习惯，理所当然不了解"注意"是有一个过程的。

所谓的注意过程，第一步是判断刺激的来源。无论是电视上的广告、教室前面的老师，还是远处闪烁的红灯，都可能是刺激的来源。那么，判断刺激靠什么？让我们想象远处开来一辆救火车，上面的红色警灯正在闪烁，警笛长鸣。你转身望向警笛声传来的方向，同时你的大脑锁定了声音的来源。想想看，我们停下来、听过去、望过去的反应速度有多快：一眨眼的工夫，我们就能判断那是一辆什么车，来自什么方向，可能的目的是什么。如果空中弥漫着一股烟味，我们就可以进一步推断发生了什么，救火车要去干什么。在这一过程中,我们用到了三种感官知觉,即听觉、视觉和嗅觉,还没有动用触觉和味觉。

注意过程的第二步,是接触更多的信息。在注意到警笛声的来源之后,我们会开始关注大量的细节:救火车从旁边驶过时,你注意到上面架满了梯子和水箱,以及各种现代救火设备;你看到消防员们全副武装,头盔下露出坚毅的面容;你看到救火车侧面印着它来自哪个消防站,你方才还从那个消防站旁边路过;或许你甚至能回忆起某一部电视剧或电影中的画面,联想到了你孩子的班级参观本地消防站的场景,或是你在报纸上读到过关于消防部门申请资金更新设备的消息……你正在充分关注这一"刺激",吸收各方面的信息,由大脑对其进行组合。你通过警笛声追踪到了声音的来源,把它作为注意力的焦点,调动你大脑的强大机能来关注和分析它。这一切都发生在几秒钟之内。这是人类与生俱来的能力,我们可以非常快速地吸收和处理大量的信息。不要忘了,无论你感到自己的生活有多么混乱,你最近在办公室和家里有多么容易走神,当救火车真的从你面前开过的时候,你仍然可以运用我们刚才描述的各种认知能力与潜力来关注它。

注意过程主要发生在大脑的皮质区域,也就是大脑表面的沟回结构——大多数的信息处理过程都是在这一区域进行的。皮质区域可以细分为若干个功能区域,分别执行不同的功能。

信息首先由大脑皮质的后部区域接收,然后再由前部区域处理,就像警笛声先从远处传来,然后再随着救火车逐渐接近而变得清晰一样。例如,由眼睛接收的感官信息首先由大脑后部的枕叶皮质接收,然后再向前输送到顶叶和额叶皮质。

顶叶皮质负责扫描周围的环境,分析运动信息,考虑空间关系,进行时空定位。这部分区域在注意过程的第一步——判断刺激来源中发挥着关键的作用。额叶皮质则主要参与辨认刺激特征的过程。顶叶皮质给我们发出"有什么东西要来了"的信号,让我们把注意力转向它的方向,而额叶皮质则允许我们辨认它究竟是什么——它的颜色、形状、声音和其他特征。你会把注意力聚焦在某个特定的细节上,例如警笛声的音调和响度,闪烁的红色警灯等。

所有这些信息会以神经元信号的形式从你大脑皮质的后部传导到前部,经过处理与提炼,跟与之相关的体验记忆相结合,直至进入位于前额叶皮质的注意力"控制节点"——负责主导我们行为与反应的区域。前额叶皮质被认为是注意过程的控制中枢,考虑到它在情感管理中的关键作用,这一点并不奇怪。它的功能是帮助我们在更长的时间尺度上保持注意力,继续接收和处理刺激信息,计划采取相应的行动。前额叶皮质也帮助我们隔绝无关的刺激——例如你旁边人打电话的内容,街道对面的行人等。

注意过程从辨认刺激来源开始,随着注意力的保持而继续,同时也取决于我们应对无关刺激与干扰信息的能力。前额叶皮质还会参与更加复杂的注意和组织行为,包括把注意力从一件事情转移到另一件事情上的过程,以及运用记忆把注意力保持在某一件事情上的能力,即使最初引起注意力的刺激已经消失。

话又说回来了,以注意一辆救火车为例,站在是否扰乱生活的角度,并不十分有说服力。为什么?因为整件事发生在几秒钟内,影响也就这几秒钟而已,不见得能分散一个人多少注意力。

我们试举另外一个例子。你是一个正在上课的学生,聚精会神,正在为接下来的升学考试努力着。这时,很可能脑袋里闪过一些与课堂无关的念头,比如想吃一块面包,因为肚子叽里咕噜响个不停;比如想下课之后,再弹一个小时吉他,因为晚上有歌唱比赛……这时,你将面临考验,是将注意力放在"面包"和"吉他"上,还是认真听课。此时,你是否还能记得升学考试有多么重要?

幸运的是,我们的大脑十分擅长管理彼此相异甚至互相冲突的注意模式,包括符合我们目标的目标导向型注意力,以及可能跟我们的目标相左或者改变我们目标的刺激驱动型注意力。最理想的平衡方式或许是维持和发展目标导向型注意力,同时对刺激驱动型注意力进行管理,只允许自己被与当前目标相符的刺激所吸引。所以,如果你是一个看重升学考试的学生,就会主动把注意力放到课堂上,而不会在"面包"和"吉他"跟前掉链子。

　　有人会说，我早就走出了校门，遇不到你讲的情况。那好，想象一下你自己在开会时的情况。当你的注意力保持在会议桌前的发言者身上时，你的大脑会在潜意识层面上继续评估新出现的信息，比如，你左边传来的响动声，或你右边某个人的低语声。这些三三两两的刺激信息会争夺你的注意力，但是有序的大脑可以对它们作出评估，把不值得注意的信息屏蔽掉。有序大脑的基本特征之一，就是有能力适当应对周围环境的噪音，对它进行评估和优先级分析，同时又不会让手头的主要任务受到影响。

　　简单地说，自控力好的人，就是该注意的时候注意，不该注意的时候不注意。

魔力悄悄话

　　一个人自控力如何，关键不在于是否能集中注意力，而是是否愿意集中注意力。如果你从来没有反思过自己的注意力，你就不可能意识到注意力与一个人自控力的深层关系。

# 四、注意力无法集中的原因

有的人,也时常能认识到自己的注意力不集中,于是硬着头皮强迫自己去集中注意力。但是,因为自己对注意对象根本不感兴趣,所以往往以失败告终。

杰森是一名大三学生,他在学业上遇到了麻烦。他在学习时总是走神,学习成绩直线下降,到他来找我的时候,他的学分成绩处于 2.5 的边缘——如果学分成绩达不到 2.5 的话,他就没法攻读工商管理硕士课程了。

"我还有一个学期时间来扭转这种状况。"他说。

"你上的是什么样的学校?"我问道。

他看上去有些摸不着头脑。"你指什么?"他有点好奇地看着我。

"你的学校是一所大规模的综合性大学,课堂里可以容纳 100 名学生,还是一所小规模的学院,每次都是五六个学生围在桌边参加研讨会? 你是住在校园的宿舍里,还是校园外面的公寓里?"我问。

这一切都很重要,因为首先需要弄清楚他的学习环境。结论是,他就读的是波士顿地区一所规模中等的学校,住在宿舍里。

"那么,你在哪儿学习呢?"我问。

"图书馆。"他答道,"我有时会在那里一连待好几个小时。"

"你能完成多少学习任务呢?"

"嗯……没多少。"杰森在椅子上不安地扭动着身体。他告诉我,在图书馆里学习时,他总是不停地更换学习任务,从书包里拿出一本又一本书,翻开来读一两页,然后再把书收起来。他时不时地注视着别人从他旁边经过,时不时站起身来去浏览书架上的书目;时不时地去看宣传板上的公告。

他经常感觉在图书馆里做不了什么,于是就回到宿舍里去。宿舍楼里住的都是高年级学生，平时通常很安静。

"太安静了"。他说，"安静得让我很难不走神。如果什么地方忽然传来一个声音，例如，楼上有人重重关上房门，或者别的什么声音，听起来就会很响，这会让我大吃一惊。"他说，"最后的情况往往是，我又漫无目的地浪费了一个小时。"

除此之外，我还了解到，杰森在过去也遇到过类似的问题。在谈到他即使在图书馆里也没法埋头读书的情况时，他回忆起小学一年级的时候，老师就曾因为他在读写练习中东张西望而批评他。上中学时，他的注意力也经常受到干扰。在高中，尽管他在自己喜欢的几门科目中表现出色，但他几乎挂掉了化学这一科。"我怎么都学不进去"，他说，"我会发现自己在实验室里盯着试管里冒泡的液体走神，或是一行一行地浏览墙上的图表。我觉得老师是勉强算我通过的。"

通过和杰森交谈，我初步判断，他的情况还是比较严重的，早一天为他指明道路，他就能早一天脱离困境。如果你看过英国小说家毛姆的《刀锋》，应该对小说主人公拉里印象深刻。同样是读书，拉里可以在俱乐部的图书馆里，一坐就是一天，关键是还能全神贯注，连坐姿都不变。现实中，类似事情也是时有发生。德国哲学家康德，一生是一个生活异常严谨的人，甚至严谨到了镇里的人以他散步的时间来调对自家的钟表。但是，就是这样一个人，因为读了卢梭的《爱弥尔》这部书，被其中的内容深深吸引，以致打乱了他好几天的生活节奏，不再出去散步，也不按时入睡。

同样是读书，和杰森不一样的是，有人能超乎寻常地聚精会神，这说明，他们一定是被某种东西吸引住了。想一想活跃在华尔街的金融家和大亨们，他们最喜欢的午餐不是牛排，而是一份《华尔街日报》。即便面前摆满了大餐，吃下去之后，也并没有什么特别的感觉，因为自始至终，他们的眼睛一刻也未离开那份报纸，特别是上面的股票指数。

我们许多人都记得，老师经常催促我们要"集中注意力"，后来我们发现，我们擅长把注意力集中在有意思的、吸引人的人物和事物上，而不擅长把注意力集中在无聊或者没意思的人物和事物上。

随着我们长大成人，我们发现自己面对着太多需要注意的东西，一不留神就把天生的注意能力隐藏起来。或许是外面的压力,或者是生存的压力,总之,我们在放弃自己喜欢注意的人物和事物的同时,我们再也听不到了自己内心的声音。

芝加哥大学心理学教授米哈利·齐森米西说:"把注意力投入到我们喜欢的活动之中,就可以发挥出强大的力量。当人们完全沉浸在一项活动本身当中,主动让身体和思想延伸到极限程度,去实现某种困难而有价值的事情时,往往能够创造奇迹。这种时刻,也是许多人一生中最精彩的时刻。"不少人曾有过这样的体验,其中,运动员把它称为"来了状态"。我们许多人都有机会在学习或工作过程中获得类似的体验,但我们往往会因为现代社会环境带来的压力,整天要面对乏味、繁重的学习和工作任务,从而错过了这样的体验。

我告诉杰森,他并不是无法集中注意力,而是还没有找到自己热爱的事情。换一种说法,杰森还不知道为什么读书。就像那位指甲修理师,如果她知道要修理好指甲,就必须学习相关的知识、读相关的书籍之后,她一定会把自己的注意力集中在读书上。

实际上,很多人在读书这件事情上无法集中注意力,是因为他们为读书而读书,而没有把读书与自己真正要实现的梦想结合起来。读书只是一个梯子,目的是要通过这个梯子,登上屋顶看见自己梦想中的星辰。

对于杰森来说,读书不能调动他的兴趣,只有兴趣能调动他去读书。

## 魔力悄悄话

很多缺乏自控力的人,最难把握和应对的,是既没有施展目标导向型注意力的方向,也没有有效激发出刺激驱动型注意力。整个人几乎是在浑然不觉的情况下,限于一种系统性走神状态。

# 五、掌控注意力，先要了解注意力

就像辨认情感的模式一样，你也可以有意识地辨认注意力的模式。想一想，你生活中的哪些事情能让你感到全身心投入其中，毫不费力，感觉不到时间的流逝，并且完成时会让你充满成就感？

在这些时候，你会自然而然地调动自己的全部能力应对挑战，同时又不会觉得需要勉力维持。如果挑战太大，会让你感到失控，而如果缺乏挑战，则会让你感到无聊。最理想的状态是把你的优势发挥到极致，而又在自我控制的范围内。

在上一章中，我们说到如何从消极情感中解放出来的时候，建议要发挥自己的优势或特长。发挥自己的优势，对培养注意力同样是很重要的，不同之处在于，最好是把自己的优势和有效的注意力结合起来，避免让注意力长时间与自己无关紧要的优势过从甚密。

你可以试着关上门，关掉手机和邮件窗口，带着冒险精神、好奇心和探索欲，全身心地投入到你所享受的活动之中。用这种方式体验能够自然地吸引你注意力的目标导向型活动，可以让你意识到自己的注意力并没有任何天生的缺陷，对于有趣、吸引你投入、符合你长处、让你产生成就感的活动，你可以达到最理想的注意状态。

把意识集中在此时此地，比如，享受冲淋浴时的过程，欣赏新煮的咖啡散发出来的香气，这些都是很好的开始。把注意力保持在当前一刻。深吸一口气，注意你身在哪里，有什么感觉，周围是什么样子。注意力离你并不遥远，在你的童年时代，当你的脑海里还没有沉积那么多想法、情感和记忆的时候，你可以随心所欲地运用这种能力。其实，你每天都可以把它发掘出来，尝试一下它是什么感觉。

你可以在任何活动、任何时刻中积极引导注意力并享受美好的体验，同时，要注意一下步骤。例如，在和自己密友交流的时候，你可以：

首先，选择一种目标导向型的活动："今天晚上，我要花一些时间把全部注意力集中在我密友的生活状态上……不去在乎周围的情况，而在他身边，了解他的情况。"

其次，为这项活动设置目标："我要在 10 分钟的时间里把全部注意力集中在密友身上；我要确保自己只是侧耳聆听，抗拒打断他的话头，抑制住想要告诉他应该怎么做的冲动；我要对他选择谈论的积极事物表示欣赏，对他遇到的困难表示同情；我要让他感到自己受到了尊重，得到了我的关注与聆听。"

再次，寻找进展的征兆："我们谈话时，我要确保当我询问密友这一天生活得如何时，他不再仅仅做出'是呀''好的''随便吧'这样的简单回答，而是意识到我确实在认真聆听，于是开始讲述更多的内容。我要看到他微笑，大笑，放松下来，最好在谈话结束时能给我一个温暖的拥抱。"

最后，收获结果："我要感谢密友把一整天的体验跟我分享；我要告诉他，无论在什么时候，我都愿意聆听他的话。我要享受我们在这 10 分钟里彼此建立的联系，为我们之间亲密关系的强化感到快乐。"

总之，这种目标导向型注意力的训练，可以帮助你提升注意能力。

尽管我们可以通过关上门、在安静的房间里、关掉手机和电脑等方式减少干扰，但无论我们怎样努力，都无法排除掉所有的干扰因素。对外无能为力，我们就应该回归内心。首先聆听你自己的需求：或许你之所以很容易受到干扰，是因为你过于疲劳，处在不合适的环境中，或者正在执行无聊的任务。你应该注意自己为什么如此容易受到干扰。

另一方面，当干扰因素企图引开你的注意力时，正好给了你一个机会，让你可以有意识地选择把注意力转移到新的方向上，或者保持在原先的任务上。这可以让你学会控制自己的反应，使你真正掌握自己的注意力，在面对干扰时处于主动地位。你不妨问一下自己：

电脑屏幕上冒出"电视明星不伦之恋"的新闻——你真的需要现在点开看里面的内容吗？

朋友打电话来找你聊天,或是同事过来跟你闲聊——当他们问你"有一分钟时间吗?"的时候,你能不能有礼貌地告诉他们,你现在没有时间,但你很愿意跟他们说话,过一段时间再跟他们联系?

我们的大脑就像是肌肉一样,当我们过度使用它时,就会让它疲劳,需要休息恢复。在集中注意力一段时间(通常不超过 90 分钟)之后,让大脑休息一下,例如,深呼吸几次,从椅子上站起身来,换换环境。如果你是坐在电脑前工作,不妨出门散步一会儿,或者做一些轻柔的拉伸练习,这对你的身体和大脑都有好处。

## 魔力悄悄话

当他们所说的话内容触动我们心灵的时候,内心就会有所变化,于是便能铭刻于心。当没有触动我们心灵的时候,内心没什么变化,那就会不留痕迹。只有最真挚的情感才会更容易触动我们的心灵,我们闭上眼睛,注意的和难以忘记的往往是有关情感的部分。

# 第八章
## 及时调整自控力

要知道只有通过实践锻炼，才能够真正获得自控力。也只有依靠惯性和反复的自我控制训练，我们的神经才有可能得到完全的控制。从反复努力和反复训练意志的角度上而言，自控力的培养在很大程度上就是一种习惯的形成。

原则上我们可以这样训练提高自己的自控力：给自己确定目标，制定计划，但不要难度太大，自己很难做到的，这样会挫伤你的积极性。也不能轻而易举就可以做到的，这样不利于毅力的锻炼。达到目标完成计划了，如果自己觉得很满意，就自己给自己奖励。

# 一、控制好自己的欲望

检验司机开车水平怎么样，最根本的就是看能否在关键时候踩下刹车，检验一个人的自控力如何同样如此。

我们差不多有一些共同的体验，比如，坐在自己的房间，欣赏窗外树上跳跃的小鸟，目送路上的行人……很多诗文中，都会描绘这样的画面，我们随时能感受到其中的安然与惬意。此时，如果你是一个学生，手里正拿着笔，那么这是思考之余的闲适，收拾一下精神，更能思如泉涌；如果你是一个办公室白领，那么这是让你从日常琐碎事务中抽身的契机，伸一下懒腰，或许能很快意识到下一步该做什么。这种短暂的思绪跳转，其实是很有必要的精神层面的"刹车"，这能避免让我们沉迷在某种走不出的思维状态或者行动中。

黛波拉 30 多岁，为人友善，积极乐观，充满自信。她跟丈夫住在波士顿郊区，家里有一大片后院和很棒的休闲娱乐设施。她的两个孩子正在上小学，她每天开车送他们上学、参加球赛、上音乐课，努力照顾好他们的一日三餐，维持一个温暖幸福的家。

除此之外，黛波拉和她的丈夫还养了一条可爱的小狗，名叫"力士"。

"我总是没法把事情做完。"她用抱歉的语气解释道。

我告诉她，没有必要抱歉。从她刚刚展示给我的照片来看，她的一家生活得很不错，脸上都洋溢着笑容，就连"力士"看上去都心满意足。那么，到底是怎么回事？"我总是很难做好我需要做的事情。"她说，"做事情之前，我会计划出第一步，第二步，第三步……但却总是连第一步都完不成。"黛波拉平静地描述着她的问题。

我要个例子。

"例子太多了。"她说,"上个周末,我本打算清理车库……"

听到这里,我的脑海里一下子亮起了红灯。清理车库!天哪。不知道为什么,不经意间我竟然闪过了吃惊的念头。毕竟车库是一个很混乱的地方,我在平时经常听到的关于车库的事情都与麻烦有关,所以,当我听到她说出"车库"这个词时,就知道肯定要有麻烦了。

"于是,我就去整理车库。"黛波拉说,"里面有一大堆旧玩具、运动器材,还有我丈夫的一些工具和箱子……我告诉你,那里面的垃圾真的很多。"

听起来跟大部分车库没有什么两样。或许是应该整理一下了。

"这么说吧,我是这样一个人,喜欢把我决定做的事情做完。"黛波拉用探询的眼神望着我,"这应该是件好事,对吧?"

我迟疑着点了点头,"可能是吧……"

她接着说:"于是,我吃完午饭就开始了,应该是下午 1 点左右。我的计划是一个小时清理完。"

3 点钟,黛波拉在车库里。

4 点钟,黛波拉还在车库里。

5 点钟……你猜对了,黛波拉仍然在车库里。

最后,黛波拉在车库里一直待了四个多小时。她说她沉浸在清扫和整理的过程中,一直都停不下来。她仔细检查那些本来该一股脑扔掉的东西:她开始翻阅旧信件,查看旧衣服,浏览旧书。然后她决定把翻弄箱子时注意到的棚架拆掉一部分。总之,她发现车库需要彻底的清扫。随后,她甚至爬上了房顶,看屋檐上是否有松鼠的窝。

"我想把什么都清理好。"她列出了一长串她在车库里完成的事情,"我只要一开始,就停不下来,特别是当我在清理过程中发现了新情况之后。"

这本来没问题,前提是不要耽误别的约定,别的家务,作为母亲的责任……她承认,在车库里忙碌的时候,这一切都被她忘掉了。

她甚至忘了给"力士"喂食。

忘掉了应该做的事情,这一天的生活必然是混乱的,整个人也必然是处于一种失控状态。

　　要是这样的事情只发生过一次,或是偶尔才发生,那就不是什么问题。然而黛波拉说:"在我身上,总是在发生类似的事情。"

　　清理车库,计划是花一个小时,结果花了四个小时,实在有点说不过去。那么,问题究竟出在哪儿呢?

　　在清理车库的过程中,黛波拉并没有出现糟糕的情绪,并没有显示出烦躁,情感控制得不错。自始至终,她都专注于清理工作中,在集中注意力方面似乎做得也很不错,至少她可以长时间从事某项任务。然而,她还是走神了。为什么这么说? 她能够集中注意力固然不假,问题是,她忽略了自己原定一个小时的期限,忽视了自己还有更多更重要的事要做。与忘记开会,或者开会迟到不同,这里是超出了期限。开始时很好,结束时很糟。如果还是以开会为例,那就是等于人为地推迟了散会时间。我们都有这样的体会,不管是你的老师推迟了下课时间,还是你的领导推迟了散会时间。你多少都会有些不满意。因为说到底,这种做法会给彼此的学习和工作带来负面的影响,打乱了生活的节奏。黛波拉影响的是她自己,不难想象,清理车库耗去了四个小时,她这一天还怎么做其他事情呢?

　　黛波拉向我说明她遇到的问题,那么她现在肯定是感受到了困扰。如果不和我或者其他人交流,我相信,黛波拉一时半会儿更是找不到问题出在哪儿。至少,她不会轻易把问题定在自控力上。

　　在清理过程中,黛波拉把大量的精力投注在旧衣服、旧信件以及一些破玩具和没什么用的坏箱子上,她也意识到了这些是应该立马扔掉的垃圾,但她并没有这么做,而是进行了仔细检查。其实,她在检查这些东西的时候,潜意识里多少是有所顾虑,甚至是有所期待的——这些东西也许有些用。我们对待旧物件,总会从情感出发,所以,即便黛波拉已经认定车库里这些破烂玩意毫无价值的时候,还是会表现出恋恋不舍的一面。

　　正确的做法是什么? 既然她已经认定很多东西是垃圾,那就要拿出清理垃圾的态度和行动。或者,她一开始就应该明确自己主要的清理任务。不得不说,有些人还真缺乏这方面的能力,难以停止不再有效、不再有意义的行为,只会不假思索地把当前的行为继续下去。黛波拉把自己描述为"什么都愿意做",这本身就很有问题。什么都想做的人,意味着什么都做不了。

在黛波拉身上,我明显能感受她的失控程度很严重,她并不明确自己所做的事情孰轻孰重以及先后顺序,更不知道在什么时候停下来。

魔力悄悄话

不能按时完成任务的情形属于消极的拖延。某些拖延行为并非拖延者缺乏能力或不够努力,而是某种形式的完美主义或求全观念的反映,他们共同的心声是,'多给我一些时间,我可以做得更好'。

# 二、生活需要及时刹车

一个人再缺乏自控力，也不至于像鱼缸里的金鱼那样，把自己吃到撑死。所以，完全没有自控力的人并不存在，只是自控力不能在生活中体现出来而已。

因为黛波拉提到了他家养的狗——"力士"，我决定从"力士"这里把话题深入下去。

"你平常会遛狗吧?"我问。

"会，几乎每天晚上都会。饭后出去散步，总会带上力士。"黛波拉一边回答我，一边好奇地看着我。

"在路上，它会不会乱跑?"我又问。

"你是指力士吗? 它会乱跑。有时走在路上，它会莫名其妙跟在陌生人后面，在人家腿上蹭来蹭去，甚至咬人家的裤脚。为了防止把路人惹怒，我会把它唤回来。可这根本没多大作用，碰到另外一个陌生人，它照旧会跟上去。"谈及这些，黛波拉倒是显得轻松许多。

这就对了，并不是只有人类才会出现控制力问题，一般的动物这方面的问题更大。我们人类有意识和反思的能力，不需要时时刻刻靠别人提醒，但并不表示我们的注意力始终处于有价值和有意义的状态。需要别人的提示和警醒，表明我们处于被动状态，表明我们在当下不能控制好自己，就像四处乱走的小狗需要被主人召唤，然后才知道改变。对于这一点，我们小时候会有很多体验。比如，上课的时候做小动作，被老师叫到到办公室罚站，或者回家太晚被父母批评并且不让吃饭。这些时候，我们会脸红，有害羞的感觉。但只要方式得当，我们一般经过几次之后就不会再犯同样的错误，因为我们知道应该控制一下自己。这意味着我们知道在什么时候什么情况下采取认知层面的"刹车"。

"刹车"就是要控制好自己，需要自我意识和反思，就是知道在什么时候自己对自己喊停，让自己的情感和注意力等思维要素以及行动置于"做/不做"的反应模式中。简单来说，就是知道在对的时间对的地点做对的事，不做不对的事。

黛波拉需要多一些"不做"，而不是"什么都想做"。在这个问题上，我们大家都和黛波拉是一样的。

我们认知层面的"刹车"能力，跟生活中的刹车对于汽车的重要性一样。在黛波拉的例子里，体现为在车库尚未彻底清理完毕之前停止清理任务，转为执行更加迫切的任务的能力。"刹车"的能力并不局限在情感或者注意力层面，广而言之，我们的生活态度、观念和立场也都在范围之内。

也许有人认为，黛波拉的错误是"怎么做"，而不是"什么都想做"。因此，她只是做事不够积极，甚至行动速度太慢而已。这种理解与我们强调的意思并不是一回事，我们讲的是认知层面的自我控制，而不是行动上的多做还是少做，或者快做还是慢做。行动上做得多做得快，必须要有较好的自我控制能力来支撑，必须知道在什么时候"刹车"，否则很可能会失控。

接下来的谈话验证了这一点。

在和黛波拉聊天过程中，她提到了自己上中学的儿子。每天早上，她都要费尽口舌喊儿子起床，儿子起来之后，反过来又催着她忙这忙那，因为上学快迟到了。她告诉我，一天早上，一家人正准备吃早饭，她儿子从外面跑进厨房，歇斯底里地冲着她嚷嚷，让她赶紧去商店为他买一双球鞋，因为上午有体育课。于是，她不得不放下手里刚咬了一口的面包，匆匆走出家门，直奔商店，就连"商店现在还没开门"这样的话也没来得及说。

"差点就没机会见到你。"黛波拉很沮丧地说。

"为什么这么说？"我有点吃惊。

"为了帮我儿子买球鞋，我差一点被一辆汽车撞到。"她说，"当时真是太危险了，我现在心里的恐惧还没有完全平复。"

比较而言，孩子比成年人的自控力要差。就像动物园的老虎需要被关进笼子，小孩子需要进入学校在围墙内接受教育。所有外加的控制设施，皆是为了限制自控力不太好的对象。一大早就催着妈妈去商店买球鞋,这意味着黛波拉的儿子还停留在只为自己考虑的阶段,说明他的自控力还比较差。其实,每天早上起床需要父母喊,起床后急急忙忙掐着点往学校赶,甚至回到家就"命令"父母干这干那,是大多数孩子的共同生活特征,也是他们自控力差的集中体现。

那么,黛波拉为什么会差点被车撞到?原来,是在过马路时出了点问题。一般的街道交叉处的十字路口,交通灯并没有留下足够多的时间让所有行人通过。对于老人、小孩,还有腿脚不方便的人来说,在红灯亮起前穿过马路并不轻松。稍不留神,或者没把握好时间,都有可能被来往车辆碰着。放在平时,不急不躁,心平气和,黛波拉基本上是可以很顺利穿过马路的。但受到儿子发出的"命令"的干扰,她没能准确把握红、绿灯交替的时间,于是差一点就出现了意外。一个人过马路的时候,最能考察出他的自控力如何,因为一个人的自控力不取决于他一成不变的能力,往往取决于他变通的能力。最重要的是,自控力不在于一个人能做什么或想做什么,而在于他能选择在该停止的时候停止,该行动的时候行动。如果我们在该停止的时候行动,生活就会失控,人生就容易翻车。

魔力悄悄话

当一个人把注意力指向某个目标时,就会把更多的记忆力资源分配给它,从而能够更加清楚地记住它的细节。然而,随着你的注意力转移到下一个目标上,对先前目标细节的记忆会逐渐模糊。

# 三、等待也是一门艺术

排一两分钟的队，你就能买到咖啡和面包；让别人说完他们的话，他们才会更愿意听你要说什么；等待红灯变成绿灯，你便能更快回到家……我们针对周围世界各种现状和要求，控制好自己对它们的反应，缓和自我感受，不去贸然行动，这是获取成功的重要基础。发生的事情固然重要，但我们对这些事情的反应更为重要。然而，就像黛波拉在车库度过的那个漫长的下午所揭示的那样，就算我们能心平气和，保持注意力，如果我们不学会及时刹车的话，就可能没法有效完成任务。这一现象可能令人感到困惑，就像黛波拉一样，她很明显有能力做好各种事情，可就是做不到。

在越复杂的任务或工作中，"刹车"的作用越明显。

黛波拉很喜欢看棒球，我顺便给她举了个打棒球的例子。在打棒球时挥动球棒，当你站在垒上，投球手准备好把球投向你的方向时，你最好清楚需要进行怎样的自我控制。球似乎会直接朝你飞来，你完全可以一击命中。你会挥出球棒吗？先等等。或许球的弧线会越来越低，直至离开打击区。或许投球手会把球投得太高。球来了，你要挥棒，还是不挥棒？或者你会"中断"挥棒的动作，即先是挥出球棒，然后再试图中途停下来，因为你判断球飞出了打击区？

我们对挥棒击球这种"复杂的、多阶段的"行为进行细致考察，分析哪些情况会让击球手撤销击球动作、中途停止，那些情况又要完成挥棒。实际上，日常生活确实有点像是打棒球，你很少会面对简单的"做"或者"不做"的信号，更多的情况是，有时你需要中途停止挥棒，有时你挥棒能够命中，而有时你却无法命中。所以，你会犹豫，会评估不同的情况，快速判断行动与不行动的好处和坏处。实际上，这也是一个不断更新的过程，你会随时获得新的信息。对于击球手来说,这样的信息包括投球手的动作和表情,突然增大的风力,三垒教练打出的信号等。我们在判断应该"做"还是"不做"的时候,都会参考很多这样的信息。

打棒球的例子告诉我们:"刹车"并不是简单的是非判断,我们需要注意各种各样的信号。这些信号或许非常复杂,但你依然可以从中获得有用信息。我们也需要适应不断变化的环境。即使我们上一次面对类似的情况时选择了"做",也不代表下一次不应该选择"不做"。

试想一下,你的手机响了,你伸手去拿手机的时候,一位从旁边经过的同学告诉你:"不要接,又是那个惹人讨厌的骚扰电话。我知道他为什么打电话来……他刚才也给我打了电话……你帮不上他的忙。"你暂时停住了动作。你应该注意这个信号吗?同学为什么要告诉你这些?他能确定电话是同一个人打来的吗?你究竟应不应该接电话?

所有这些问题,并没有一个绝对正确的"做"或者"不做"的指令。

"刹车",属于我们的自我控制能力,既是天生的,也是后天培养的。不同的人在认识和管理自己情感和行为方面的能力区别非常大,那些这方面能力不足的人会经常放纵自己,作出不健康的选择。例如,吃太多的垃圾食品,任由电话或短信占据自己的精力,在觉得受到别人冒犯时采取不合适的攻击行为等。当我们处于疲劳、饥饿或紧张状态时,我们控制自己情感与行为的能力会有所下降。当我们受到强烈情感的主导,或是感到自己脆弱而无能为力时,这方面的能力甚至会完全消失。

自控力不足的人,经常表现为在行动之前无法停下来思考;他们缺乏耐心,缺乏等待时机的能力,总是没等对方发言,就急着说出自己的观点,或采取行动,总是不排队等候,就想达到目的。与此同时,缺乏自控力的人还无法在自己的行为明显不再有效时迅速阻断这种行为;他们无法在集中注意力工作时抗拒干扰;他们无法放弃更小的、更直接的奖励,追求更大的、更长期的奖励;他们无法按照具体情况的要求,阻断自己对事件的本能反应。

想想那些在车站售票窗口试图插队,提前买到火车票的人;那些不停地打断别人的话,试图马上表达自己看法的人;那些等不及红灯变成绿灯,便忍不住要横穿马路的人……他们做出的自以为有效的一些多快好省的行为举止,透露出他们的自我控制能力并不好。在很多情况下我们很有必要让自己慢下来。慢下来的目的,不是像黛波拉那样,在自家车库里一待就是四个小时,慢下来是为了把握生活的节奏,慢下来是为了拥有良好的人际关系,慢下来是为了自己的健康甚至生命安全……慢和快一样,本身不是目的,只是施展自控力的需要,表示一个人懂得在什么情况下"刹车"。

## 魔力悄悄话

生活中,老人经常回忆不起来自己的重要文件、账目或者钥匙放在哪里,而且毫无头绪。他们会选择将这些重要信息记在笔记本上,以备查找。这种方法,同样适用于短期记忆不太好的其他人。

# 四、自控力能让你及时停下

讲到这里,我们有必要指出来一点:在前面的章节中,控制情感和保持注意力,是自控力的重要方面,本章中,在认知层面的"刹车",也是自我控制能力的一个方面,其中涉及人的态度、立场和观点,甚至包括行动。虽然主要是在认知层面探讨"刹车",但超出一般意义上的情感和注意力范围。事实上,本书主要是把自我控制分成了几个精神过程,也就是自控力的六个步骤,即自控力的六步法则。这六个步骤或六步法则就像是搭建房屋的砖块,需要一块一块堆垒起来。

不管是从情感层面,还是从注意力层面。我们始终强调,必须屏蔽或转化掉各种干扰因素。讲到"刹车",情况也是一样的。认知层面上的"刹车",可以让你随时化解不期而遇的干扰。在这种状态下,你的自我控制系统需要随时准备做下面两件事情:

1. 控制对刺激做出的最明显、最直接、最符合期待的反应。

2. 阻断正在进行中的反应。

在第一种情况下,你面对的挑战是对于某种特定的情境,不按照你过去使用过的方式、你所习惯的方式来做出反应。例如,你的一个朋友打电话给你:"喂?我现在很忙,一时回不去,你能不能帮我个忙,去学校帮我拿下快递?"你习惯的反应方式是回答"可以"。但有自控力的大脑会先停下来思考一下,并且会控制住本能的"可以"这个回答,因为你也有快递去拿。

相反,如果你不能有效控制自己的本能反应,类似的"小事"就会一而再再而三地发生,导致一系列浪费时间、焦躁和不必要的压力等后果,令你难以自拔。

在第二种情况下,你面对的同样是类似的挑战,但这时你已经处在行动之中了。你必须阻断自己正在进行的行动，就像开车时紧急踩下刹车一样。假设你在上课，正整理重要的学习资料，这时一名新来不久的同学走过来，问了你一个令人心烦却富有洞察力的问题，而这样的问题通常只有新来者的眼光才能发现。

"哇，你们还在用老方法去整理学习资料？"这位新同学说。

自控力强的人，会迅速把握住这样的情境，对攻击性质的反应踩下刹车。一般人会有哪些攻击性的反应呢？例如，质疑这位同学的年龄和成熟程度："为什么你不去听你的 LadyGaga，让我们做该做的工作？"又或者做出防卫性质的反应，"我这么多年以来一直是这样的，从来没有出过问题。你有什么问题吗？"不，有自控力的大脑会控制做出这样的反应，保持冷静、理智、集中注意的状态，从而让你能够认真思考这位同学的意见。进而，你意识到，他说得确实有道理，现在这样的工作方法效率确实不高，已经不太合适了。或许，他提出的扫描录入文件确实是个好主意，为了在这一过程中得到帮助，你可以做出某些成熟而恰当的反应，例如你可以说："这的确是个好主意，你知道，有我的经验加上你的新想法和新知识，我们确实可以做出一些改进。让我们下个星期再碰面，看看该怎么改进吧。"

"刹车"有时听起来有点像是"三思而后行""沉住气"之类的老套俗语，在某种程度上，的确是这样。但在我们生活中，这样的控制是非常必要的。无论你用什么样的语言来描述它，它都是一种真实存在的现象，跟我们日常生活密切相关。一个不能停下来的人，注定是一个失去控制的人。或许，你小时候玩过"红绿灯"的游戏：跟一帮小伙伴排成一队，有人喊"绿灯"，你们就一起快速往前走，直到听见"红灯"，这时你们会试图立刻停下。也许你还记得，有的小伙伴能够立刻停住脚步，有的会因为来不及收住脚步而摔倒在地，还有的会继续冲向前方，根本不理会"红灯"的信号。

研究人员把类似的自我控制游戏上升到了认知层面，并把有关的认知过程跟神经成像技术结合在一起，通过测试实验对象的控制能力，来了解跟该能力有关的大脑活动。研究表明，某些大脑网络在控制过程中起到了关键作用。信号可以在不同的大脑区域之间移动，从而协调完成"刹车"的反应。

其中,一些研究人员把我们自我控制的过程比作赛马。想象一下,两匹马同时冲出起跑线,在赛道上奔驰,其中一匹携带着"做"的信号,另一匹则携带着"不做"的信号。

傍晚6点钟,你正要离开办公室回家,桌上的电话忽然响了,是一个陌生号码打来的。你应该接电话吗?电话铃声诱惑着你,或许这个电话会对你很有价值……但是另外一方面,你已经答应了你的伴侣,今天回家路上要去菜市场买菜。这个电话能不能等到明天?或者你现在非得拿起话筒不可?你大脑中的"赛马"开始了!代表"做"的那匹马一开始处于领先地位,你的手开始伸向话筒。然而,另一匹代表"不做"的马渐渐追了上来。二者分别携带着不同的讯息:

"接吧……你的确很想知道电话究竟是谁打来的,不是吗?"

或者:

"停,因为如果你现在花时间接电话,就会搞砸今天的晚饭,反正你可以明天再回过去的。"

两匹马齐头并进,究竟哪一匹能够赢得竞赛?终点线越来越近了,最终的胜利者是……

当然,比赛结果最终取决于你。如果你追求更有序的生活,那你最好要学会"刹车"。但是生活是复杂的,在不同的情境下,"刹车"的难易程度并不相同。例如,在社交时说"不"或许比工作时更难。

**魔力悄悄话**

无论你从事什么行业,扩展视野、拓宽知识面永远都不是一件坏事。你永远不知道下一个帮助你取得事业进展的伟大创意或者关键信息会来自什么地方,况且通过训练记忆力,你可以更容易地记起这个创意或者信息。

# 五、驾驭好自己的情感

我们用"赛马"来比喻一个人的自控过程,深究下去,最终凸显的是思想和情感在此过程中的配合情况。其中,骑手相当于思想,马相当于情感。就像世界级的竞赛骑手和他的马一样,思想对情感的反应非常敏感,同时也知道该怎样让马的能力充分发挥出来。马能够感觉到骑手的态度,不会自作主张或者轻易表现出逆反的行为,而是会对骑手的指令做出完美的回应。

当我们过度思考时,也就是当我们死死踩住认知"刹车"不肯松开时,我们就像是拉紧缰绳不肯放开的骑手,对马快速奔驰的欲望置若罔闻。而当我们允许自己被情感所控制,不去踩下认知"刹车"时,就像是任由马脱缰狂奔、不发出任何指令的骑手。我们的思想就像骑手一样,必须时时稳坐在马鞍上,用敏感、友善、沟通的方式跟马(情感)合作,同时在必要的时候得勒紧缰绳,让马停下来。

黛波拉讲,她每隔一段时间,就和十几岁的儿子谈论他混乱不堪的卧室。某一天,儿子感到很沮丧,因为他到处找也找不到自己的手机。如果是以前,黛波拉会告诉儿子,鉴于他目前的房间现状,发生这种事一点都不奇怪。黛波拉已经数不清自己有多少次要求他整理卧室了。可当她面对儿子因为丢了手机而流下泪水时,又多少有点同情。儿子信誓旦旦对她说:"昨天晚上回家时手机还找得到啊!"她的情感在瞬间升腾起来,甚至变得无法控制。她本来想马上就出言斥责他:"我告诉过你多少次,该整理房间了?你在想什么呢?房间这么乱,你当然找不到手机!你怎么能找到任何东西呢?与此同时,你还不停地把乱七八糟的东西带进房间,弄得越来越乱。我再也忍受不了你这样的行为了。"

但是她没有,她踩下了"刹车"。

这个时候,她的思想跟情感进行快速的交流:"是的,我非常恼火,并且我的确跟他说过许多次了。但是像这样大叫大嚷,在过去从未发挥过作用,现在也很可能不会发挥作用,只会破坏我跟儿子的关系。他很快就要成为男子汉了……我是希望他把我看作充满爱与关怀的母亲,还是唠唠叨叨纠缠不休的烦人精?所以我要忍住,别冲他发火,先帮他找到手机。或许等到大家都冷静下来的时候,我可以再跟他具体谈谈这个问题。"

事实上,我们的思想和情感不仅可以交流对话,而且确实应当经常对话。让我们回到清理车库的案例中,看看思想和情感可以展开怎样的对话。

我对黛波拉讲,你需要清扫车库,你给这项任务分配了 60 分钟时间,因为你还有别的事情要做。但是当你开始动手清扫时,才意识到你已经太久没有整理过车库了,里面堆满了杂物。你的心一沉,发出了这样的讯息:

情感:对于车库里的混乱情况,我感到恶心而又疲倦。我真的想消除这种感觉,所以我想在这里多清扫一会儿,把所有东西都整理好,让自己感觉更好一些。

思想:我同情你想要一次性解决车库混乱问题的愿望,但我们必须得实际一点,因为要彻底把车库清扫干净,很可能需要再多干几次,花上好多个小时……所以在我看来,这次最好还是干一个小时就收工,为我们取得的进展感到高兴,然后去做今天计划要做的其他重要事情。这样的话,这一天结束的时候,我们会为一天下来取得的成就感到高兴,而不会因为整理车库耽误了别的事情,并感到沮丧。

情感:谢谢你明智的建议,但我觉得如果不彻底清扫车库的话,我不会感到高兴的。

思想:别急,先别急。这样如何:临睡前,我会提醒你,我们进行过这场谈话,做出了最佳的决定。到那时候,我们应该已经让车库的情况有了一定的改善,并且也完成了其他的任务。在某种意义上,我们取得了更多的成就。想想看,那时你会感到多么高兴!

情感:说得不错。好吧,让我们告诉肺深吸一口气,然后我就离开车库,去做今天要做的其他事情。还有,我很高兴我们能有这场谈话,我们应该经常这样谈一谈。

很多人之所以和身陷车库的黛波拉一样,每天感觉要么有做不完的事,要么无所事事,主要就是不能正确看待"做/不做"这一控制机制,而是将其简单地从行动层面进行了曲解,把"刹车"和在公路上开车时刹车混同了。"做/不做"控制机制,需要从认知层面考量,需要从思想和情感平衡的角度做决定。

对冲动踩下"刹车"的时候,要注意承认和接纳造成冲动的情感,不要只是把它们转移到大脑的某个角落不管不问。不要试图做一个机器人。冲动并不是你的敌人,而是你的同伴,就像一位充满创造力和活力的同事,跟严谨而擅长自控的你是绝佳搭档。就像骑手和马一样,你们需要彼此配合,才能取得最大程度的成功。

## 魔力悄悄话

从思想和情感平衡的角度说,自控力就是一种平衡力。人生的道路不是笔直一条,有数不清的岔路和弯路,如果我们缺乏这种转变方向的能力,一条道走到黑,不仅到不了目的地,甚至还会车毁人亡。

# 六、控制好冲动情绪

汽车行驶在道路上,什么时候最需要刹车? 显然是在出现危险的时候。

那么在生活中,在什么情况下最需要我们踩下"刹车"? 毫无疑问,在我们冲动的时候,因为冲动与危险同行。当一个人冲动的时候,差不多周边的人都会劝其"息怒""三思而后行"……冲动是对一个人自控力的巨大考验,只有突破这一关,才能证明你在认知层面的"刹车"是得心应手的。

现实情况是,人们对待冲动的态度可以划分成两个阵营。

其中一个是"自发阵营":我们完全生活在当前一刻,充满了自发性和创造力,让冲动引导我们的行动。想去湖里裸泳吗? 当然啦,为什么不? 在篝火上烤肉,整个晚上都不睡? 就这么干吧! 我们沉浸在各种吸引人的事情当中,完全不担忧未来。

另外一个是"清醒阵营":我们会考虑未来,会节省燃料,会三思而后行。我们就像是勤勉的蚂蚁,而不是得过且过的蚱蜢。我们愿意放弃放纵冲动带来的一时享受,换取长远成就带来的满足感。

我们绝大多数人都会在这两个阵营之间来回轮换。我们绝大多数时候者B会控制住冲动,但偶尔也会很愿意放纵地冲动一下。关键在于,我们要欢迎冲动的到来,判断是否该放纵它,什么时候最为合适。偶尔吃一支冰激凌,翘课跟朋友一起闲聊几个小时,或者多花点钱买一件特别的衬衫。

你不妨花一两天时间注意自己什么时候会不假思索地按照冲动行事,把每一次这样的情况记录下来。引发你这样做的诱因是什么? 你不假思索地做了什么? 你是否进行了一定的思考,只不过还不够? 了解你在什么时候会放纵自己的冲动,为什么会这样?所有这些,是训练你的大脑更好地控制冲动的第一步。

你或许会注意到,你在跟同学们一起工作时很擅长控制冲动,但在跟父母进行艰难的谈话时则不然。或者你会发现某些同学似乎能瞬间激活你的情感冲动,让你的"刹车"失灵,就好像他们知道你情感的死穴一样。可无论如何,要想你的生活轻松起来,你必须要学会在关键时候控制住冲动。

只有在极端情境下,我们才会在控制冲动方面达到最佳状态。比如,在急诊室里抢救病人的医生和护士,拯救自杀者的救火队员和警察,面临险境的士兵和将军……他们都是控制冲动的典范。

尽管你或许永远都不会在战场上指挥一个排的士兵,或是在急诊室里抢救病人,但你也用不着小看自己。如果你曾经历过危急时刻,那么你或许已经注意到,在这样的时候,你会变得更加擅长控制冲动。这当然不是说你应该故意去体验危急时刻的感觉,我的意思是:你控制冲动的能力或许比你自己想象的更强。日常生活中有许多"迷你危机":哭闹的孩子、粗鲁的店员、欠缺考虑的同事,这些都是你培养控制冲动的好机会。勇敢面对这些挑战吧,你一定能行。

在控制冲动方面,每个人都能找到适合自己的方案。

若干年前,有一位自由记者,她跟上司的关系让她经常处于焦虑之中。在她抓紧时间赶稿的时候,有时会突然接到上司的电话,他通常总是处于激动暴躁、缺乏耐心的状态。她说挂断电话后的一个多小时里,她的内心会产生一种强烈的冲动——真想打电话把自己的真实想法告诉上司。这一冲动带来的情绪分散了她的注意力,影响了她的工作,让她觉得自己仿佛乘着一叶小舟在焦躁的大海上随波逐流,把握不了航行的方向。针对这一问题,我提出了"三部曲"式的解决方案,可以把解决过程分为3个步骤。

1. 意识:意识到自己内心产生的冲动,但并不因此而苛责她自己。

2. 放松:深呼吸几次,承认和接纳自己的焦虑情绪。

3. 选择:有意识地选择控制给上司回电话的冲动,以及这种冲动带来的负面影响,同时下定决心过些时候再给予自己的焦躁更多的关注。选择在控制住冲动之后,心平气和地给上司写了一封信,解释自己的需求和情绪,要求跟上司建立新的关系。

当冲动来临,你的情感占据主导地位时,不要皱眉或者畏缩,而是要接纳你的情感,试图理解它们向你表达的讯息,感谢它们提醒了你,然后再决定怎样做才是最合适的。

最后要提醒的是,别光注意大脑而忘了自己的身体。

在汽车马上就要没油时,你更不容易踩下刹车;同样地,当你的生理和精神能量处于耗竭状态时,你更不容易踩下认知层面的"刹车"。一般来说,我们在经过一夜的睡眠、吃过早餐时,最擅长控制自己的想法和情感,在工作日行将结束、身心俱疲时则最难以做到这一点。

你的大脑并不能储存能量,所以当你的血糖水平低落时,你的大脑也会状态低迷。每餐摄入一定量的精益蛋白,有助于维持血糖水平的稳定。避免一次性摄入大量的碳水化合物,因为这会导致血糖水平的大起大落。

我个人的经验是,控制冲动的最好办法就是运动,无论强度高低,即使5 分钟的运动也能让我的情绪平静下来,使情感冲动变得更容易控制。

**魔力悄悄话**

生活中,哪一类人最难控制自己? 当然是孩子。凡是对自己小时候有所记忆的人,或者为人父母的人,都能明白,孩子最喜欢放大自己的喜好,一旦不能被满足,就会通过哭声和泪水来实现。孩子总觉得自己是周围世界的中心,自我意识特别强烈,所以他们最难做到的就是转变模式,从而无法做到自我控制。